U0771728

新编大学物理
学习指导

（上册）

主　编　张建锋　崔晶磊　杨玉玲
副主编　张　莉　王建平

中国教育出版传媒集团
高等教育出版社·北京

内容简介

　　本书是根据《理工科类大学物理课程教学基本要求》（2023 年版）的思想和精神编写而成的，旨在帮助读者更好地掌握大学物理的基本知识、基本概念、基本规律和基本方法。本书每章分基本要求、思维导图、主要知识点、典型例题解析、习题等五个部分，书后还附有期末模拟自测。

　　本书可作为高等学校非物理学类专业学生学习大学物理课程的辅导书，也可供其他读者学习大学物理时使用，对授课教师也有参考价值。

图书在版编目（CIP）数据

　　新编大学物理学习指导．上册／张建锋，崔晶磊，杨玉玲主编；张莉，王建平副主编．-- 北京：高等教育出版社，2025.7．-- ISBN 978-7-04-064639-9

　　Ⅰ．O4

　　中国国家版本馆 CIP 数据核字第 20250D8J39 号

XINBIAN DAXUE WULI XUEXI ZHIDAO

| 策划编辑 | 马天魁 | 责任编辑 | 吴 获 | 封面设计 | 李沛蓉 | 版式设计 | 杜微言 |
| 责任绘图 | 于 博 | 责任校对 | 张 薇 | 责任印制 | 耿 轩 | | |

出版发行	高等教育出版社	网　　址	http://www.hep.edu.cn
社　　址	北京市西城区德外大街 4 号		http://www.hep.com.cn
邮政编码	100120	网上订购	http://www.hepmall.com.cn
印　　刷	北京市联华印刷厂		http://www.hepmall.com
开　　本	787 mm×1092 mm　1/16		http://www.hepmall.cn
印　　张	8.75		
字　　数	200 千字	版　　次	2025 年 7 月第 1 版
购书热线	010-58581118	印　　次	2025 年 7 月第 1 次印刷
咨询电话	400-810-0598	定　　价	22.80 元

前　　言

　　本书是根据《理工科类大学物理课程教学基本要求》（2023 年版）的思想和精神编写而成的，旨在帮助读者更好地掌握大学物理的基本知识、基本概念、基本规律和基本方法。

　　本书分为上、下两册，上册包括力学和电磁学部分共八章；下册包括热学、振动与波动、光学、相对论和量子物理部分共七章。每章的主要内容分为基本要求、思维导图、主要知识点、典型例题解析、习题等五个部分，同时书后附有期末模拟自测。基本要求指出了每章要求掌握、理解和了解的内容，有利于读者在学习中分清主次，抓住重点和要点。思维导图是根据每章的教学内容提炼出来的，使读者对每章内容的知识体系一目了然。典型例题解析经过多次筛选，反复推敲后编辑，对解题过程中的物理思路、解题方法、注意事项、引申思考等进行了详细的讨论，可以帮助读者培养解决问题和分析问题的能力。习题部分根据每章的内容设置了选择题、填空题和计算题，以使读者通过练习进一步加深对每章知识点的理解和掌握。期末模拟自测是对读者学习成果的检验。

　　本书是东北大学大学物理教研中心全体教师集体智慧的结晶。第一章由张莉编写，第二章由王建平编写，第三、四章由杨玉玲编写，第五、六章由崔晶磊编写，第七、八、九和十一章由张建锋编写，第十章由易光宇编写，第十二章由张莲莲编写，第十三章由代雪峰编写，第十四章由徐丽红编写，第十五章由王强编写。全书统稿由张建锋负责。

　　东北大学物理系陈肖慧教授在百忙中抽空审阅了本书，高等教育出版社马天魁同志对本书的出版给予了大力支持，编者谨向他们表示衷心的感谢。

　　由于编者水平有限，书中难免有不妥之处，敬请读者批评指正。

编　者

2024 年 6 月于东北大学

目　录

第一章　质点运动学

一、基本要求

（一）掌握

1. 位矢、位移、速度、加速度；
2. 运动学的两类问题；
3. 圆周运动的角量描述（角坐标、角位移、角速度、角加速度）；
4. 圆周运动的线量描述（切向加速度和法向加速度）。

（二）理解

1. 质点模型、参考系及坐标系的概念；
2. 相对运动的位置、速度和加速度的变换关系。

（三）了解

1. 极坐标系下的速度及加速度表示；
2. 追击问题的方案设计。

二、思维导图

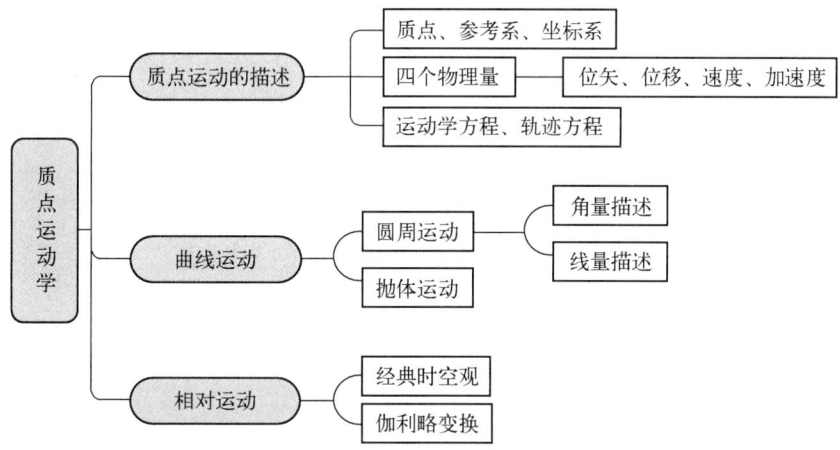

三、主要知识点

1. 描述质点运动的基本概念

（1）质点：若物体的大小和形状的变化对其运动的影响可忽略，则可把物体当成一个有质量的点，称之为质点。

（2）参考系：为确定物体的位置和描述其运动而选的标准物。为了对物体运动进行定量描述，可在参考系上选一固定点为原点，建立坐标系。常见的三维坐标系有笛卡儿坐标系（直角坐标系）、球坐标系、柱坐标系，二维可以选用极坐标系和自然坐标系等。

（3）位置矢量：由坐标原点指向质点所在处的矢量，简称位矢，记为 r。在直角坐标

系中，位矢可以表示为

$$\boldsymbol{r}=x\boldsymbol{i}+y\boldsymbol{j}+z\boldsymbol{k} \tag{1-1}$$

其中，x、y、z 为位矢的三个分量。

　　（4）位移：Δt 时间间隔内位矢的增量，记为 $\Delta\boldsymbol{r}$，即

$$\Delta\boldsymbol{r}=\boldsymbol{r}(t+\Delta t)-\boldsymbol{r}(t) \tag{1-2}$$

方向：从初始时刻位置指向终点时刻位置。在直角坐标系中，其分量形式为

$$\Delta\boldsymbol{r}=\Delta x\boldsymbol{i}+\Delta y\boldsymbol{j}+\Delta z\boldsymbol{k}$$

　　（5）速度。

　　① 平均速度：单位时间的平均位移。

$$\bar{\boldsymbol{v}}=\frac{\Delta\boldsymbol{r}}{\Delta t} \tag{1-3}$$

其方向与位移方向一致。在直角坐标系中，其分量形式为

$$\bar{\boldsymbol{v}}=\frac{\Delta x}{\Delta t}\boldsymbol{i}+\frac{\Delta y}{\Delta t}\boldsymbol{j}+\frac{\Delta z}{\Delta t}\boldsymbol{k}=\bar{v}_x\boldsymbol{i}+\bar{v}_y\boldsymbol{j}+\bar{v}_z\boldsymbol{i}$$

　　②（瞬时）速度：质点位矢对时间的变化率，即当 $\Delta t\to 0$ 时，平均速度的极限值，简称速度。

$$\boldsymbol{v}=\lim_{\Delta t\to 0}\bar{\boldsymbol{v}}=\lim_{\Delta t\to 0}\frac{\Delta\boldsymbol{r}}{\Delta t}=\frac{\mathrm{d}\boldsymbol{r}}{\mathrm{d}t} \tag{1-4}$$

在直角坐标系中，

$$\boldsymbol{v}=\frac{\mathrm{d}x}{\mathrm{d}t}\boldsymbol{i}+\frac{\mathrm{d}y}{\mathrm{d}t}\boldsymbol{j}+\frac{\mathrm{d}z}{\mathrm{d}t}\boldsymbol{k}=v_x\boldsymbol{i}+v_y\boldsymbol{j}+v_z\boldsymbol{k}$$

速度的大小：

$$|\boldsymbol{v}|=v=\sqrt{v_x^2+v_y^2+v_z^2}=\sqrt{\left(\frac{\mathrm{d}x}{\mathrm{d}t}\right)^2+\left(\frac{\mathrm{d}y}{\mathrm{d}t}\right)^2+\left(\frac{\mathrm{d}z}{\mathrm{d}t}\right)^2}$$

方向：轨迹上质点所在处的切线方向并指向质点前进的一侧。

　　（6）速率。

　　① 平均速率：单位时间的平均路程。

$$\bar{v}=\frac{\Delta s}{\Delta t} \tag{1-5}$$

其中 Δs 是质点在 Δt 时间内走过的路程。

　　②（瞬时）速率：质点路程对时间的变化率，即当 $\Delta t\to 0$ 时，平均速率的极限值，简称速率。

$$v=\lim_{\Delta t\to 0}\bar{v}=\lim_{\Delta t\to 0}\frac{\Delta s}{\Delta t}=\frac{\mathrm{d}s}{\mathrm{d}t} \tag{1-6}$$

由于 $\mathrm{d}s=|\mathrm{d}\boldsymbol{r}|$，所以有

$$v=\frac{\mathrm{d}s}{\mathrm{d}t}=\left|\frac{\mathrm{d}\boldsymbol{r}}{\mathrm{d}t}\right|=|\boldsymbol{v}|$$

速度的大小即速率。但要注意，平均速度的大小一般不等于平均速率。

（7）加速度。

① 平均加速度：Δt 时间内速度变化快慢的平均程度，即

$$\bar{\boldsymbol{a}} = \frac{\Delta \boldsymbol{v}}{\Delta t} \tag{1-7}$$

其方向与 $\Delta \boldsymbol{v}$ 方向相同。在直角坐标系中，

$$\bar{\boldsymbol{a}} = \frac{\Delta v_x}{\Delta t}\boldsymbol{i} + \frac{\Delta v_y}{\Delta t}\boldsymbol{j} + \frac{\Delta v_z}{\Delta t}\boldsymbol{k} = \bar{a}_x\boldsymbol{i} + \bar{a}_y\boldsymbol{j} + \bar{a}_z\boldsymbol{k}$$

②（瞬时）加速度：质点速度对时间的变化率，即当 $\Delta t \to 0$ 时，平均加速度的极限值，简称加速度。

$$\boldsymbol{a} = \lim_{\Delta t \to 0}\bar{\boldsymbol{a}} = \lim_{\Delta t \to 0}\frac{\Delta \boldsymbol{v}}{\Delta t} = \frac{\mathrm{d}\boldsymbol{v}}{\mathrm{d}t} \tag{1-8}$$

在直角坐标系中，其分量形式为

$$\boldsymbol{a} = \frac{\mathrm{d}v_x}{\mathrm{d}t}\boldsymbol{i} + \frac{\mathrm{d}v_y}{\mathrm{d}t}\boldsymbol{j} + \frac{\mathrm{d}v_z}{\mathrm{d}t}\boldsymbol{k} = a_x\boldsymbol{i} + a_x\boldsymbol{j} + a_x\boldsymbol{k}$$

加速度的大小：

$$|\boldsymbol{a}| = a = \sqrt{a_x^2 + a_y^2 + a_z^2} = \sqrt{\left(\frac{\mathrm{d}v_x}{\mathrm{d}t}\right)^2 + \left(\frac{\mathrm{d}v_y}{\mathrm{d}t}\right)^2 + \left(\frac{\mathrm{d}v_z}{\mathrm{d}t}\right)^2}$$

方向：指向轨迹曲线凹侧。

2. 运动学方程和轨迹方程

（1）运动学方程：位矢随时间 t 变化的函数，记为

$$\boldsymbol{r} = \boldsymbol{r}(t) \tag{1-9}$$

在直角坐标系中，其分量形式为

$$\boldsymbol{r}(t) = x(t)\boldsymbol{i} + y(t)\boldsymbol{j} + z(t)\boldsymbol{k}$$

已知运动学方程，即可求出质点运动的一切运动学特征。

（2）轨迹方程：质点运动轨迹对应的方程。在直角坐标系中，质点运动学方程的分量形式为

$$x = x(t), \quad y = y(t), \quad z = z(t)$$

从上式中消去时间 t，即可得到质点的轨迹方程：

$$f(x, y, z) = 0 \tag{1-10}$$

3. 圆周运动

（1）圆周运动的角量描述。

如图 1-1 所示，质点绕 O 点沿逆时针做半径为 R 的圆周运动。

① 角坐标：在极坐标系下，某一时刻质点的位矢与 Ox 轴间的夹角，记为 θ。

② 角位移：Δt 时间间隔内质点角坐标的增量，记为 $\Delta \theta$。

③ 角速度：角坐标随时间的变化率，记为 ω，

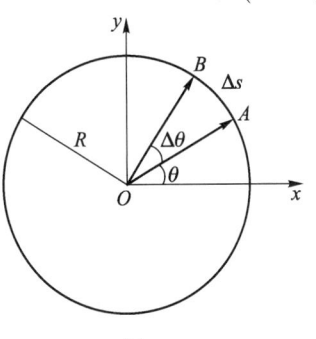

图 1-1

3

$$\omega = \lim_{\Delta t \to 0} \frac{\Delta \theta}{\Delta t} = \frac{\mathrm{d}\theta}{\mathrm{d}t} \qquad (1\text{-}11)$$

④ 角加速度：角速度随时间的变化率，记为 β，

$$\beta = \lim_{\Delta t \to 0} \frac{\Delta \omega}{\Delta t} = \frac{\mathrm{d}\omega}{\mathrm{d}t} \qquad (1\text{-}12)$$

（2）圆周运动的线量描述。

由加速度的定义可得

$$\boldsymbol{a} = \frac{\mathrm{d}(v\boldsymbol{e}_\mathrm{t})}{\mathrm{d}t} = \frac{\mathrm{d}v}{\mathrm{d}t}\boldsymbol{e}_\mathrm{t} + v\frac{\mathrm{d}\boldsymbol{e}_\mathrm{t}}{\mathrm{d}t} \qquad (1\text{-}13)$$

如图 1-2 所示，圆周运动的加速度可分解为互相正交的切向加速度 $\boldsymbol{a}_\mathrm{t}$ 和法向加速度 $\boldsymbol{a}_\mathrm{n}$。其中，

$$\boldsymbol{a}_\mathrm{t} = \frac{\mathrm{d}v}{\mathrm{d}t}\boldsymbol{e}_\mathrm{t} = R\beta\boldsymbol{e}_\mathrm{t}, \quad \boldsymbol{a}_\mathrm{n} = v\frac{\mathrm{d}\boldsymbol{e}_\mathrm{t}}{\mathrm{d}t} = \frac{v^2}{R}\boldsymbol{e}_\mathrm{n}$$

$$a = \sqrt{a_\mathrm{t}^2 + a_\mathrm{n}^2}$$

切向加速度表示质点速率变化的快慢，法向加速度表示质点速度方向变化的快慢。

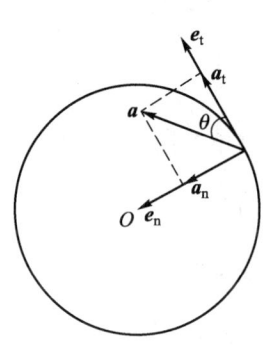

图 1-2

（3）圆周运动线量和角量的关系。

$$\begin{cases} \Delta s = R\Delta\theta \\ v = R\omega \\ a_\mathrm{t} = R\beta \\ a_\mathrm{n} = R\omega^2 \end{cases} \qquad (1\text{-}14)$$

4. 相对运动

（1）位置变换。

如图 1-3 所示，设有两参考系 S 和 S'，S 系静止，S' 系沿 Ox 轴以速度 $\boldsymbol{u}$ 做直线运动。初始时刻（即 $t=0$ 时），O 和 O' 重合。对于某时刻一个质点在两个参考系的位置关系，有

$$\boldsymbol{r} = \boldsymbol{r}' + \boldsymbol{D} \qquad (1\text{-}15)$$

式中，$\boldsymbol{r}$ 是质点相对于 S 系的位矢，$\boldsymbol{r}'$ 是质点相对于 S' 系的位矢，$\boldsymbol{D}$ 是 S' 系原点 O' 相对于 S 系的位矢。

图 1-3

（2）速度变换。

将（1-15）式对 t 求导，可得一个质点在两个参考系中的速度变换式：

$$\boldsymbol{v} = \boldsymbol{v}' + \boldsymbol{u} \qquad (1\text{-}16)$$

式中，$\boldsymbol{v}$ 是质点相对于 S 系的速度，也称绝对速度；$\boldsymbol{v}'$ 是质点相对于 S' 系的速度；也称相对速度；$\boldsymbol{u}$ 是 S' 系相对于 S 系的速度，也称牵连速度。

（3）加速度变换。

将（1-16）式对 t 求导，可得一个质点在两个参考系中的加速度变换式：

$$\boldsymbol{a} = \boldsymbol{a}' + \boldsymbol{a}_0 \qquad (1\text{-}17)$$

式中，$\boldsymbol{a}$ 是质点相对于 S 系的加速度，也称绝对加速度；$\boldsymbol{a}'$ 是质点相对于 S' 系的加速度，

也称相对加速度；a_0 是 S′系相对于 S 系的加速度，也称牵连加速度。

四、典型例题解析

例题 1　质点在 Oxy 平面内运动，其运动学方程为 $r=3ti+(12-2t^2)j$，式中 r 的单位为 m，t 的单位为 s。求：（1）质点的轨迹方程；（2）第 2 秒内的平均速度；（3）任意时刻质点的速度 v 和加速度 a；（4）$t=1.0\ s$ 时质点的切向和法向加速度大小。

分析：本题第（1）问，根据运动学方程直接写出其分量式并从中消去参量 t，可得轨迹方程。第（2）问，平均速度是过程量，反映某段时间内位置的变化，这里还涉及一个时间轴的概念，第 2 秒内是指从 $t=1.0\ s$ 到 $t=2.0\ s$ 这个时间段。第（3）问，求速度和加速度，位置矢量对时间求导可得速度，再次求导可得加速度。第（4）问，切向加速度 a_t 反映速度大小变化产生的加速度，法向加速度 a_n 反映速度方向变化产生的加速度。先求出速率的表达式，由定义 $a_t=\mathrm{d}v/\mathrm{d}t$，再将速率对 t 求导即可得到它，而法向加速度则可根据总加速度、切向加速度和法向加速度之间的关系求得，即 $a_n=\sqrt{a^2-a_t^2}$。

解：（1）运动学方程的分量形式为

$$\begin{cases} x=3t \\ y=12-2t^2 \end{cases}$$

消去时间 t，可得质点轨迹方程：

$$y=12-\frac{2x^2}{9}$$

（2）第 2 秒内的位移为

$$\begin{aligned} \Delta r &= r_2-r_1 \\ &= \{[6i+(12-8)j]-[3i+(12-2)j]\}\ \mathrm{m} \\ &= (3i-6j)\ \mathrm{m} \end{aligned}$$

平均速度为

$$\bar{v}=\frac{\Delta r}{\Delta t}=(3i-6j)\ \mathrm{m/s}$$

（3）质点在任意时刻的速度和加速度分别为

$$v=\frac{\mathrm{d}r}{\mathrm{d}t}=(3i-4tj)\ \text{（SI 单位）}$$

$$a=\frac{\mathrm{d}v}{\mathrm{d}t}=-4j\ \mathrm{m/s^2}$$

（4）任意时刻速度大小表示为

$$v=\sqrt{v_x^2+v_y^2}=\sqrt{9+16t^2}\ \text{（SI 单位）}$$

任意时刻切向和法向加速度大小分别为

$$a_t=\frac{\mathrm{d}v}{\mathrm{d}t}=\frac{16t}{\sqrt{9+16t^2}},\quad a_n=\sqrt{a^2-a_t^2}=\frac{12}{\sqrt{9+16t^2}}\ \text{（SI 单位）}$$

当 $t=1\ s$ 时，

$$a_t(1\ s)=3.2\ \mathrm{m/s^2},\quad a_n(1\ s)=2.4\ \mathrm{m/s^2}$$

说明：本题质点运动可类比抛体运动模型，其加速度恒为 $-4j\,\mathrm{m/s^2}$，初速度不为零且速度方向不断改变，用自然坐标系描述更为适合。第（4）问求解切向和法向加速度大小也可采用其他方法。解法一：可以先求得 $t=1\,\mathrm{s}$ 速度方向与竖直方向夹角，即 $\cos\theta=\dfrac{v_y}{v}=0.8$，再将总加速度（竖直向下）沿切向和法向分解，可得 $a_n=a\cos\theta=2.4\,\mathrm{m/s^2}$，$a_t=a\sin\theta=3.2\,\mathrm{m/s^2}$。解法二：可用数学公式先求得曲率半径的表达式，当 $t=1\,\mathrm{s}$ 时，将 v 和 ρ 数值代入 $a_n=\dfrac{v^2}{\rho}$，求得此刻法向加速度大小，再利用 $a_t=\sqrt{a^2-a_n^2}$ 求得切向加速度大小。

例题 2 做直线运动的质点加速度可表示为 $a=-kv$（$k=$常量），$t=0$ 时 $x_0=0$，$v=v_0$，求 t 时刻的速度和坐标随时间的关系 $v(t)$ 和 $x(t)$。

分析： 本题属于运动学第二类问题，即已知加速度求速度和运动学方程。由 $a=\dfrac{\mathrm{d}v}{\mathrm{d}t}$ 和 $v=\dfrac{\mathrm{d}x}{\mathrm{d}t}$，可得 $\mathrm{d}v=a\mathrm{d}t$ 和 $\mathrm{d}x=v\mathrm{d}t$，若 $a=a(t)$ 或 $v=v(t)$，则两边积分可得。本题加速度是速度的函数，需先将式 $\mathrm{d}v=a(v)\mathrm{d}t$ 分离变量为 $\dfrac{\mathrm{d}v}{a(v)}=\mathrm{d}t$，再根据初始条件将两边积分上下限对应起来。

解： 由加速度定义，$a=\dfrac{\mathrm{d}v}{\mathrm{d}t}=-kv$，分离变量，对应上下限积分，有

$$\int_{v_0}^{v}\frac{\mathrm{d}v}{v}=-k\int_{0}^{t}\mathrm{d}t$$

积分得

$$\ln\frac{v}{v_0}=-kt$$

$$v=v_0\mathrm{e}^{-kt}$$

由速度定义 $v=\dfrac{\mathrm{d}x}{\mathrm{d}t}=v_0\mathrm{e}^{-kt}$，分离变量，对应上下限积分，有

$$\int_{0}^{x}\mathrm{d}x=\int_{0}^{t}v_0\mathrm{e}^{-kt}\mathrm{d}t$$

积分得

$$x=-\frac{v_0}{k}\mathrm{e}^{-kt}\bigg|_{0}^{t}=\frac{v_0}{k}(1-\mathrm{e}^{-kt})$$

说明：对于此类问题，在做分离变量两边同时积分时，要用定积分，方程两边积分上下限要对应起来。

例题 3 一质点沿 x 轴运动，其加速度与位置坐标的关系为 $a=4x+3x^2$，若质点在原点处的速度为 $v_0>0$，求速度随位置的变化关系 $v(x)$。

分析： 已知加速度求速度，属于运动学第二类问题，积分可得。但本题给出的加速度为位置的函数，$a=\dfrac{\mathrm{d}v}{\mathrm{d}t}=4x+3x^2$，显然不能直接积分，需要先做变量代换，消去变量 t，即

$a = \dfrac{\mathrm{d}v}{\mathrm{d}t} = \dfrac{\mathrm{d}v}{\mathrm{d}x}\dfrac{\mathrm{d}x}{\mathrm{d}t} = v\dfrac{\mathrm{d}v}{\mathrm{d}x}$，剩下变量 v 和 x，再分离变量两边积分即可。

解：设质点在 x 处的速度为 v，由加速度定义，并做变量代换，消去时间 t，即

$$a = \frac{\mathrm{d}v}{\mathrm{d}t} = \frac{\mathrm{d}v}{\mathrm{d}x}\frac{\mathrm{d}x}{\mathrm{d}t} = v\frac{\mathrm{d}v}{\mathrm{d}x} = 4x + 3x^2$$

分离变量后，两边同时积分，注意上下限积分对应，有

$$v\mathrm{d}v = (4x + 3x^2)\mathrm{d}x$$

$$\int_{v_0}^{v} v\mathrm{d}v = \int_{0}^{x} (4x + 3x^2)\mathrm{d}x$$

$$\frac{1}{2}(v^2 - v_0^2) = 2x^2 + x^3$$

解得

$$v = \sqrt{2x^3 + 4x^2 + v_0^2}$$

说明：我们在求解此类问题的时候要注意题目要求的物理量，据此去找相应的积分变量。本题采用 SI 单位。

例题 4 一质点做半径为 $R = 0.1\ \mathrm{m}$ 的圆周运动，其角坐标为 $\theta = \dfrac{2}{3} + \dfrac{1}{12}t^3$（SI 单位）。

求：（1）$t = 4\ \mathrm{s}$ 时质点的法向加速度和切向加速度大小；（2）当 t 为多少时，法向加速度和切向加速度的数值相等。

分析：掌握圆周运动的角量表示及角量与线量关系，应用运动学求解的方法即可求解。

解：（1）由角速度及角加速度定义可得

$$\omega = \frac{\mathrm{d}\theta}{\mathrm{d}t} = 0.25t^2, \quad \beta = \frac{\mathrm{d}\omega}{\mathrm{d}t} = 0.5t$$

当 $t = 4\ \mathrm{s}$ 时，法向加速度大小为

$$a_{\mathrm{n}} = R\omega^2 = \frac{1}{16}Rt^4 \bigg|_{t=4} = 1.6\ \mathrm{m/s^2}$$

切向加速度大小为

$$a_{\mathrm{t}} = R\beta = \frac{1}{2}Rt \bigg|_{t=4} = 0.2\ \mathrm{m/s^2}$$

（2）当切向加速度等于法向加速度时，有

$$a_{\mathrm{n}} = a_{\mathrm{t}}$$

$$\frac{1}{16}Rt^4 = \frac{1}{2}Rt$$

解得 $t = 2\ \mathrm{s}$。

本题采用 SI 单位。

例题 5 一人站在山坡上，山坡与水平面成 φ 角。不计空气阻力，他斜向上扔出一个初速度为 $\boldsymbol{v}_0$ 的小石子，初速度方向与水平面成 θ 角，如图 1-4 所示。求使小石子落在斜坡的距离达到最大时对应的抛射角 θ。

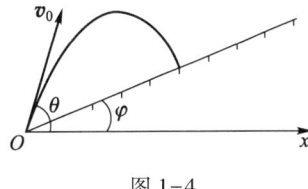

图 1-4

分析：本题是二维抛体运动问题，需要考虑落地点的地面情况，若是水平地面，将 $y=0$ 直接代入轨迹方程即可求得最大射程。若地面情况较复杂，则需写出地面方程，将轨迹方程与地面方程联立，将得到两个解，其中一个必为 0，另一个即落地点坐标。将该坐标除以 $\cos\varphi$ 就可以得到小石子落在斜坡的距离，该距离是抛射角 θ 的函数，要想求得该距离达到最大时对应的抛射角，只需令该距离对 θ 的一阶导数等于零，然后再判断一下其是否为极大值。

解：以抛出时开始计时，抛出点为坐标原点，竖直向上为 y 轴正方向，初速度的水平分量方向为 x 轴正方向，不计空气阻力，设小石子落到斜坡的距离为 s。初速度为 $\boldsymbol{v}_0$，仰角为 θ 抛出时，其抛体运动的轨迹方程为

$$y = x\tan\theta - \frac{g}{2v_0^2\cos^2\theta}x^2 \tag{1}$$

斜坡的方程为

$$y = x\tan\varphi \tag{2}$$

将（2）式代入（1）式，联立可解得

$$x_1 = 0, \quad x_2 = \frac{2v_0^2\cos\theta\sin(\theta-\varphi)}{g\cos\varphi}$$

其中 $x_1=0$ 为初始位置，x_2 为小石子落到斜坡的点对应的横坐标。故小石子落在斜坡的位置到初始位置的距离为

$$s = x\sec\varphi = \frac{2v_0^2\cos\theta\sin(\theta-\varphi)}{g\cos^2\varphi} \tag{3}$$

将 s 对 θ 求一阶导数，并令其等于零，有

$$\frac{\mathrm{d}s}{\mathrm{d}\theta} = \frac{2v_0^2}{g\cos^2\varphi}[-\sin\theta\sin(\theta-\varphi)+\cos\theta\cos(\theta-\varphi)] = 0$$

可得 $\theta = \dfrac{\pi}{4}+\dfrac{\varphi}{2}$ 时，s 取极值，经二阶导数可判断其为极大值。将其代入（3）式，可得

$$s_{max} = \frac{v_0^2(1+\sin\varphi)}{g\cos^2\varphi}$$

说明：（1）如令 $\varphi=0$，则 $\theta=\pi/4$，$s_{max}=v_0^2/g\cos^2\varphi$ 即回归到抛体水平面落地问题。

（2）如果此人起始时刻处于山坡顶向下抛物体，那么仍可选取抛出点为坐标原点，竖直向上为 y 轴正方向，物体水平前进方向为 x 轴正方向。这时需要注意角度变为 $-\varphi$，角度的取值需要满足坐标关系，即 $y=-x\tan\varphi$。

（3）本题还可选取平行和垂直斜面两方向为 x 轴和 y 轴，则物体在 x 和 y 两方向的分运动都为匀减速直线运动，结合初速度写出两个分运动的运动学方程，后令 $y=0$ 求得时间 t，再代入即可得到 s_{max}。

例题 6 湖中有一小船，岸边有人用绳子通过一高处的滑轮拉船。假设滑轮高出水面 h，人收绳的速率为 v_0，如图 1-5 所示。求船到岸的距离为 x 时的速度和加速度。

分析：本题已知收绳的速度，求船靠岸的速度。速度反映位置矢量的变化，所以本题可先求得位置关系（几何

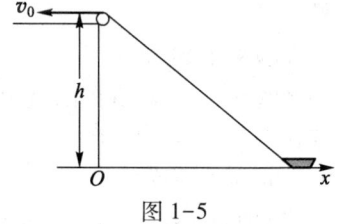

图 1-5

关系），再将其分别对时间求导，即可得所求速度；速度再对时间求导即可得到加速度。

解：以 O 为坐标原点，指向船的方向为 x 轴正方向，建立坐标系。设某时刻绳长为 l，由几何关系（勾股定理）可知

$$x^2 = l^2 - h^2$$

将上式对时间 t 求导，得

$$2x \frac{\mathrm{d}x}{\mathrm{d}t} = 2l \frac{\mathrm{d}l}{\mathrm{d}t}$$

令船的速率为 $v = \dfrac{\mathrm{d}x}{\mathrm{d}t}$，收绳速率为 $v_0 = -\dfrac{\mathrm{d}l}{\mathrm{d}t}$，则

$$v = \frac{\mathrm{d}x}{\mathrm{d}t} = \frac{l}{x} \frac{\mathrm{d}l}{\mathrm{d}t} = -\frac{l}{x} v_0 = -\frac{\sqrt{x^2+h^2}}{x} v_0$$

负号表示速度方向指向原点 O。

将上式进一步对时间 t 求导，即可得加速度：

$$a = \frac{\mathrm{d}v}{\mathrm{d}t} = \frac{\mathrm{d}}{\mathrm{d}t}\left(-\frac{l}{x} v_0\right) = -v_0 \frac{\dfrac{\mathrm{d}l}{\mathrm{d}t} \cdot x - \dfrac{\mathrm{d}x}{\mathrm{d}t} \cdot l}{x^2}$$

$$= -v_0 \left(\frac{-v_0 \cdot x - v \cdot l}{x^2}\right) = \frac{v_0^2 x + v_0^2\left(-\dfrac{l}{x}\right)l}{x^2} = v_0^2 \frac{x^2 - l^2}{x^3} = -v_0^2 \frac{h^2}{x^3}$$

负号表示加速度方向指向原点 O。

说明：船速也可以利用速度分解求得，但需注意不能把船速看成拉绳速度的水平分量。因为船的实际运动方向是沿水平方向的，所以这个速度只能是合速度，而不能是分速度。若以滑轮为固定参考点，则船速可以看成两个相互垂直分量的合成：一个是拉绳的速度 $\mathrm{d}l/\mathrm{d}t = -v_0$，称为径向速度，反映质点到参考点距离变化的快慢；另一个与其垂直，称为横向速度，反映绳扫过角度的快慢。题目已知合速度的一个分量大小 v_0，即可反求合速度。

五、习题

（一）选择题

1. 关于质点的运动，下列说法中错误的是（　　）。

A. 质点做直线运动时，加速度的方向和运动方向总是一致的

B. 质点做匀速圆周运动时，加速度的方向总是指向圆心

C. 质点做斜抛运动时，加速度的方向恒定

D. 质点做曲线运动时，加速度的方向总是指向曲线凹的一边

2. 关于质点的运动，下列说法中正确的是（　　）。

A. 加速度恒定不变时，物体运动方向也一定不变

B. 平均速率等于平均速度的大小

C. 不管加速度如何，平均速率表达式总可以写成 $\bar{v} = (v_1 + v_2)/2$（v_1、v_2 分别为初、末速率）

D. 对于曲线运动，质点的加速度大小不变，速度大小可能改变

3. 一质点的运动学方程为 $r(t) = x(t)i + y(t)j$，其速度大小可表示为（　　）。

A. $\dfrac{\mathrm{d}r}{\mathrm{d}t}$　　　　B. $\dfrac{\mathrm{d}\boldsymbol{r}}{\mathrm{d}t}$　　　　C. $\dfrac{\mathrm{d}|\boldsymbol{r}|}{\mathrm{d}t}$　　　　D. $\sqrt{\left(\dfrac{\mathrm{d}x}{\mathrm{d}t}\right)^2 + \left(\dfrac{\mathrm{d}y}{\mathrm{d}t}\right)^2}$

4. 质点做匀速率圆周运动，下列量是常量的数目为（　　）。

（1）$\lim\limits_{\Delta t \to 0}\dfrac{\Delta r}{\Delta t}$;　　　（2）$\lim\limits_{\Delta t \to 0}\dfrac{\Delta \boldsymbol{r}}{\Delta t}$;　　　（3）$\lim\limits_{\Delta t \to 0}\dfrac{|\Delta \boldsymbol{r}|}{\Delta t}$;

（4）$\lim\limits_{\Delta t \to 0}\dfrac{\Delta v}{\Delta t}$;　　　（5）$\lim\limits_{\Delta t \to 0}\dfrac{\Delta \boldsymbol{v}}{\Delta t}$;　　　（6）$\lim\limits_{\Delta t \to 0}\dfrac{|\Delta \boldsymbol{v}|}{\Delta t}$

A. 2　　　　　B. 3　　　　　C. 4　　　　　D. 5

5. 设质点的运动学方程为 $r(t) = 4t^2 i + (2t+3)j$（SI 单位），则前两秒的平均速度为（　　）。

A. $(8i+2j)$ m/s　　　　　　B. $(16i+2j)$ m/s

C. $8i$ m/s　　　　　　　　D. $(8i+j)$ m/s

6. 一抛射体的初速度大小为 v_0，抛射角为 α，如图 1-6 所示。若不计空气阻力，则最高点的曲率半径为（　　）。

A. $\rho = \dfrac{(v_0 \cos\alpha)^2}{g}$　　　　　B. $\rho = \dfrac{(v_0 \sin\alpha)^2}{g}$

C. $\rho = \dfrac{v_0^2}{g\sin\alpha}$　　　　　　D. $\rho = \dfrac{v_0^2}{g\cos\alpha}$

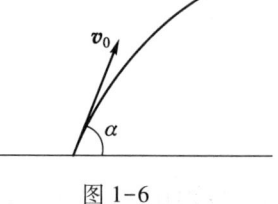

图 1-6

7. 一物体从某一确定高度以 $\boldsymbol{v}_0$ 的速度水平抛出，已知它落地时的速度为 $\boldsymbol{v}_t$，那么它运动的时间是（　　）。

A. $\dfrac{v_t - v_0}{g}$　　　　　　B. $\dfrac{v_t - v_0}{2g}$

C. $\dfrac{(v_t^2 - v_0^2)^{1/2}}{g}$　　　　D. $\dfrac{(v_t^2 - v_0^2)^{1/2}}{2g}$

8. 质点做半径为 $R = 1$ m 的圆周运动，某时刻角速度为 $\omega = 2$ rad/s，角加速度为 $\beta = 3$ rad/s^2，则此刻质点加速度的大小为（　　）。

A. 10 m/s^2　　B. 5 m/s^2　　C. 9 m/s^2　　D. 4 m/s^2

9. 一质点做匀速率圆周运动，$t_1 = 2.0$ s 时质点的速度为 $\boldsymbol{v}_1 = (6.0i + 8.0j)$ m/s，$t_2 = 6.0$ s 时质点的速度为 $\boldsymbol{v}_2 = (-6.0i - 8.0j)$ m/s，则质点的向心加速度大小为（　　）。

A. $\dfrac{5\pi}{2}$ m/s^2　　B. 5π m/s^2　　C. $\dfrac{5\pi}{4}$ m/s^2　　D. $\dfrac{30}{\pi}$ m/s^2

10. 在一个刮风的日子里，一骑自行车的人向东而行，当他的速度大小是 5 m/s 时，他感到风从南方吹来。而当他的速度大小增加到 10 m/s 时，他感到风从东南方吹来，则风速的方向和大小为（　　）。

A. 西南风，5 m/s　　　　　B. 西南风，$5\sqrt{2}$ m/s

C. 西北风，5 m/s　　　　　D. 西北风，$5\sqrt{2}$ m/s

（二）填空题

1. 有一做直线运动的物体，其运动学方程为 $x=t^2-4t+2$，式中 x 的单位为 m，t 的单位为 s。则 $t=5$ s 时质点的速度为（　　）m/s，加速度为（　　）m/s^2。

2. 一质点在平面内运动，其运动学方程为 $\boldsymbol{r}=2t^2\boldsymbol{i}-3t^2\boldsymbol{j}$（SI 单位），则该质点做（　　）运动。

3. 一质点的运动学方程为 $x=6t-t^2$（SI 单位），则前 4.0 s 内，质点位移的大小为（　　），质点走过的路程为（　　）。

4. 一质点沿 Ox 轴以速度 $v=4+t^2$（SI 单位）做直线运动，已知 $t=3$ s 时，质点位于 $x=9$ m 处，则该质点的运动学方程为（　　）。

5. 质点沿 Ox 轴运动，其加速度随位置的变化关系为 $a=3x^2+1$（SI 单位）。如果在 $x=0$ 处质点的速度 $v_0=3$ m/s，那么 $x=1$ m 处质点的速度大小为（　　）。

6. 一质点从静止出发做半径为 $R=1$ m 的圆周运动，已知其角加速度随时间 t 的变化规律是 $\beta=12t^2-6t$（SI 单位），则 $t=2$ s 时质点的角速度 $\omega=$（　　）rad/s；切向加速度 $a_t=$（　　）m/s^2。

7. 一质点沿半径为 $R=0.12$ m 的圆轨道运动，角坐标随时间的变化关系为 $\theta=4+2t^2$（SI 单位），质点的切向加速度大小和法向加速度大小相等的时刻为 $t=$（　　）s。

8. 一物体做斜抛运动，测得在 P 处其速度大小为 v，方向与水平方向成 θ 角，如图 1-7 所示，则物体在 P 处的曲率半径 ρ 为（　　）。

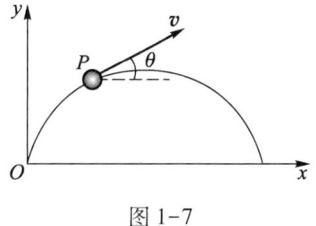

图 1-7

9. 设 A、B 二船都以 3 m/s 的速率匀速航行，A 船速度方向沿 x 轴正向，B 船速度方向沿 y 轴正向，今在 A 船上建立方向相同的坐标系，那么 B 船相对于 A 船的速度为（　　）m/s。

10. 小船从岸边 A 点出发渡河，它如果保持与河岸垂直向前划行，则经过时间 3.0 s 到达对岸下游 C 点；它如果以同样速率划行，垂直于河岸横渡到正对岸 B 点，则经过时间 5.0 s 到达 B 点。若 B、C 两点间距为 2.0 m，则此河宽度为（　　）m。

（三）计算题

1. 质点在 Oxy 平面内运动，其运动学方程为 $\boldsymbol{r}=3t\boldsymbol{i}+(10-9t^2)\boldsymbol{j}$（SI 单位）。求：（1）质点的轨迹方程；（2）在第 2 秒内的平均速度；（3）$t_1=5.0$ s 时的加速度。

2. 一个在 Oxy 平面内运动的质点的速度为 $\boldsymbol{v}=2\boldsymbol{i}-8t\boldsymbol{j}$（SI 单位），已知 $t=0$ 时，它通过 $(3,-7)$ 位置处，求：（1）该质点的运动学方程；（2）第 2 秒内的平均速度。

3. 一质点具有恒定的加速度 $a = (6i+4j)\,\mathrm{m/s^2}$。在 $t=0$ 时，质点静止在坐标原点，求：（1）质点的运动学方程；（2）质点的轨迹方程。

4. 一质点沿 x 轴正方向做减速运动，加速度大小为 $a = -b\sqrt{v}$，且常量 $b>0$，若质点的初始速度为 v_0，问：（1）质点经过多长时间才停止？（2）质点经过多长距离才停止？

5. 一质点做半径为 0.1 m 的圆周运动，其角位置为 $\theta = 2+4t^3$（SI 单位）。（1）求 $t=2\,\mathrm{s}$ 时质点的法向加速度大小和切向加速度大小；（2）当 t 为多少时，法向加速度和切向加速度的数值相等？

6. 一质点沿半径为 R 的圆周按规律 $s = v_0 t - \dfrac{1}{2}bt^2$ 运动，v_0、b 都是常量．（1）求 t 时刻总加速度的大小；（2）t 为何值时总加速度在数值上等于 b？（3）当加速度等于 b 时，质点已沿圆周运行了多少圈？

7. 已知质点的运动学方程为 $r = a\cos\omega t i + b\sin\omega t j$，其中 a、b、ω 均为正值常量，且 $a>b$。（1）求速度与位置矢量相垂直时质点的位置；（2）证明加速度与位矢大小成正比且反向；（3）求轨迹方程。

8. 一物体以水平初速度 $v_0 = 30\,\mathrm{m/s}$ 做平抛运动。忽略空气阻力，并取重力加速度 $g = 10\,\mathrm{m/s^2}$，当 $t = 4\,\mathrm{s}$ 时，求：（1）物体的速度大小；（2）物体的切向加速度大小和法向加速度大小。

9. 设从某一点 M 以同样的速率 v_0 沿着同一竖直面各个不同方向同时抛出几个物体（可视为质点）。试证：（1）在任意时刻，这几个物体总是在同一圆周上。该圆的圆心坐标为 $\left(0, -\dfrac{1}{2}gt^2\right)$，半径为 $v_0 t$；（2）各物体之间的相对速度不随时间变化。

10. 如图 1-8 所示，与河岸（看成直线）的垂直距离为 $D = 500\,\mathrm{m}$ 处有一艘静止的船，船上的探照灯以转速 $n = 0.60\,\mathrm{r/min}$ 转动。当光束与岸边的夹角为 $\theta = 60°$ 时，求光束沿岸边移动的速率。

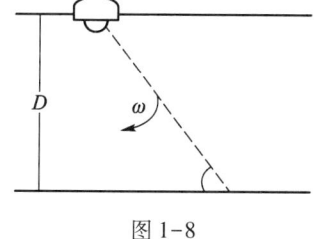

图 1-8

11. 如图 1-9 所示，一辆货车的驾驶室后壁高为 h，车厢长为 l，竖直下落的雨滴速率为 u，要使车厢中的货物不致淋雨，求货车的速度 v 必须满足的条件。

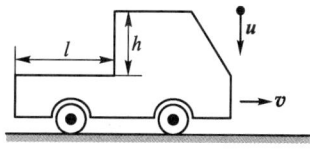

图 1-9

第一章习题
参考答案

13

第二章　牛顿运动定律

一、基本要求

（一）掌握
1. 牛顿运动定律及力学相对性原理；
2. 几种常见的力；
3. 非惯性系，惯性力。

（二）理解
1. 牛顿运动定律的适用条件；
2. 物理学中最基本的相互作用。

（三）了解
1. 物理量的单位和量纲；
2. 开普勒三定律及万有引力公式的由来。

二、思维导图

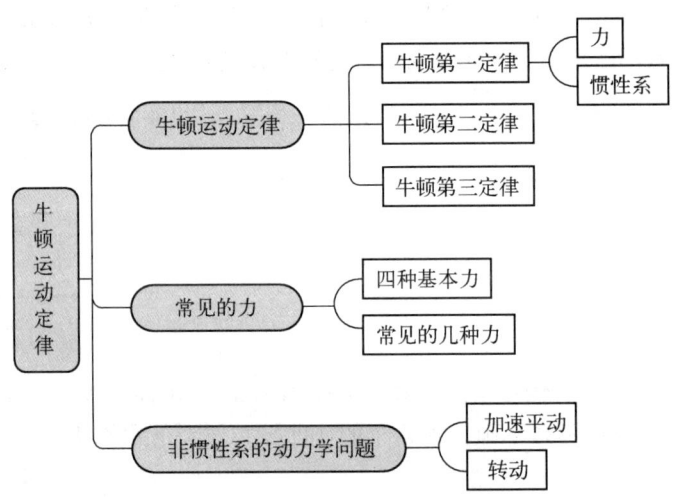

三、主要知识点

1. 牛顿运动定律

（1）牛顿第一定律。

任何物体都要保持静止或匀速直线运动状态，直到外界作用于它，迫使它改变运动状态。

牛顿第一定律给出了"力""惯性"和"惯性系"的概念。

① 力：力是物体与物体之间的相互作用，是改变物体运动状态的根源；

② 惯性：物体保持静止或匀速直线运动状态不变的属性称为惯性；

③ 惯性系：我们把牛顿运动定律成立的参考系称为惯性参考系，简称惯性系。

（2）牛顿第二定律。

动量为 $\boldsymbol{p}$ 的物体，在合力 $\boldsymbol{F}\left(=\sum\boldsymbol{F}_i\right)$ 的作用下，其动量随时间的变化率应当等于作用于物体的合力，即

$$\boldsymbol{F}=\frac{\mathrm{d}\boldsymbol{p}}{\mathrm{d}t}=\frac{\mathrm{d}(m\boldsymbol{v})}{\mathrm{d}t} \tag{2-1}$$

当物体可视为质点且在低速情况下运动时，物体的质量可视为不依赖于速度的常量。于是上式可写成

$$\boldsymbol{F}=m\frac{\mathrm{d}\boldsymbol{v}}{\mathrm{d}t}=m\boldsymbol{a} \tag{2-2}$$

牛顿第二定律的使用条件：参考系为惯性系，物体做宏观低速运动，且物体可视为质点。

（3）牛顿第三定律。

两个物体之间的作用力 $\boldsymbol{F}$ 和反作用力 $\boldsymbol{F}'$ 沿同一直线，大小相等，方向相反，分别作用在两个物体上。作用力和反作用力属于同种性质的力，同时存在，同时消失。

$$\boldsymbol{F}=-\boldsymbol{F}' \tag{2-3}$$

注意相互作用力和平衡力的区别。

2. 力学相对性原理

对于所有惯性系，一切力学规律都具有相同的形式，都是等价的。在一惯性系中，不可能通过力学实验来判断该惯性系相对于其他惯性系是静止的还是运动的。

3. 几种常见的力

（1）万有引力。

万有引力是物体与物体之间存在的一种相互吸引的力。其表达式为

$$\boldsymbol{F}=-G\frac{m_1m_2}{r^2}\boldsymbol{e}_r \tag{2-4}$$

其中，$G=6.674\,30\times10^{-11}\ \mathrm{N}\cdot\mathrm{m}^2/\mathrm{kg}^2$。

重力：物体由于地球的吸引而受到的力。对于地面附近的物体，当不考虑地球自转时，地球对地面附近物体的万有引力就等于重力。此时重力加速度大小为

$$g_0=G\frac{m_\mathrm{E}}{R^2}\approx9.8\ \mathrm{m/s}^2 \tag{2-5}$$

其中，m_E 为地球的质量，R 为地球半径。当考虑地球自转时，万有引力一部分提供物体随地球一起绕地轴做圆周运动的向心力，一部分即物体受的重力。此时的重力加速度为

$$g=g_0-R\omega^2\cos^2\varphi \tag{2-6}$$

其中，ω 为地球自转的角速度，φ 为纬度。

（2）弹性力。

弹性力是物体发生弹性形变后，由于自身想要恢复原来的形状而产生的力。例如，弹簧在弹性限度内的弹性力为

$$\boldsymbol{F}=-k\boldsymbol{x} \tag{2-7}$$

其中，k 为弹簧的弹性系数。

（3）摩擦力。

两个相互接触并挤压的物体，当它们发生相对运动或具有相对运动趋势时，就会在接触面上产生阻碍相对运动或相对运动趋势的力，这种力叫作摩擦力。

摩擦力分为静摩擦力和滑动摩擦力。静摩擦力略大于滑动摩擦力。

4. 四种基本力

四种基本力包括万有引力、电磁力、弱相互作用、强相互作用。其中，万有引力和电磁力是长程力，弱相互作用和强相互作用是短程力。

5. 非惯性系

（1）定义：我们把牛顿运动定律不成立的参考系称为非惯性系。

（2）惯性力：对于平动加速非惯性系，质点所受惯性力的大小等于质点的质量和此非惯性系相对于惯性系的加速度的乘积，方向与此加速度的方向相反。其表达式为

$$F_i = -ma_0 \tag{2-8}$$

说明：惯性力是一种"假想力"，没有施力物体，所以不存在其反作用力。

四、典型例题解析

例题 1　质量为 m 的子弹以速度 v_0 水平射入沙土中，设子弹所受阻力与速度反向，阻力大小与速率成正比，比例系数为 k，忽略子弹的重力，求：（1）子弹射入沙土后，速度随时间变化的函数式；（2）子弹进入沙土的最大深度。

分析： 本题首先要根据题目已知条件写出子弹进入沙土后受到的阻力表达式，然后根据牛顿第二定律，求出速度随时间变化的函数式。我们再根据求得的速度表达式，求得位矢随时间变化的表达式，当速度为零时，所经历时间即子弹进入沙土最大深度的时间，将此时间代入位矢随时间的变化关系式就可求得最大深度。我们还可以通过位矢和速度之间的关系，直接找到最大深度。

解：（1）子弹进入沙土后所受合力为沙土的阻力 $-kv$，根据牛顿第二定律，可写出子弹的运动学方程：

$$-kv = m \frac{\mathrm{d}v}{\mathrm{d}t}$$

分离变量得

$$-\frac{k}{m}\mathrm{d}t = \frac{\mathrm{d}v}{v}$$

两边同时积分得

$$-\int_0^t \frac{k}{m}\mathrm{d}t = \int_{v_0}^v \frac{\mathrm{d}v}{v}$$

由此可得

$$v = v_0 \mathrm{e}^{-kt/m}$$

这里需要注意积分的上下限，两边积分式的上下限要相互对应。

（2）解法一：由

$$v = \frac{\mathrm{d}x}{\mathrm{d}t}$$

将 $v = v_0 \mathrm{e}^{-kt/m}$ 代入，分离变量得

$$\mathrm{d}x = v_0 \mathrm{e}^{-kt/m}\mathrm{d}t$$

两边同时积分，

$$\int_0^x \mathrm{d}x = \int_0^t v_0 \mathrm{e}^{-kt/m}\mathrm{d}t$$

积分结果为

$$x = \frac{mv_0}{k}\left(1 - \mathrm{e}^{-kt/m}\right)$$

当速度为 0 时，$v = v_0 \mathrm{e}^{-kt/m} = 0$，即 $\mathrm{e}^{-kt/m} = 0$，$t \to \infty$，这时可以求出最大位移：

$$x_{\max} = \frac{mv_0}{k}$$

解法二：由牛顿第二定律，采用变量代换，有

$$-kv = m\frac{\mathrm{d}v}{\mathrm{d}t} = m\left(\frac{\mathrm{d}v}{\mathrm{d}x}\right)\left(\frac{\mathrm{d}x}{\mathrm{d}t}\right) = mv\frac{\mathrm{d}v}{\mathrm{d}x}$$

因此

$$\mathrm{d}x = -\frac{m}{k}\mathrm{d}v$$

两边同时积分

$$\int_0^{x_{\max}} \mathrm{d}x = -\int_{v_0}^0 \frac{m}{k}\mathrm{d}v$$

积分结果为

$$x_{\max} = \frac{mv_0}{k}$$

说明：这道题是一个理想化的情况，我们通过解答过程，可以发现物体速度变为 0 的时间是无限大的，但是最大深度却是一个有限值，只与物体的质量和初速度成正比，与比例系数成反比。主要原因是阻力与速度大小成正比，速度变小，阻力变小，加速度变小，速度会逐渐趋近于零，但理论上讲永远不会完全消失，从而使时间变得无限大。而最大深度相当于一个极限，在时间无限大的情况下，极限是一个定值。

思考：若阻力与速度的平方成正比，则速度随时间变化的函数式是怎样的？子弹进入沙土的最大深度是否是个有限值？

分析：若阻力与速度的平方成正比，我们可以用同样的方式解题。由牛顿第二定律，

$$-kv^2 = m\frac{\mathrm{d}v}{\mathrm{d}t}$$

分离变量，两边同时积分，

$$-\int_0^t \frac{k}{m}\mathrm{d}t = \int_{v_0}^v \frac{\mathrm{d}v}{v^2}$$

可得

$$v = \frac{mv_0}{m + kv_0 t}$$

这个速度变为 0 所需的时间也是无限大的。由

$$-kv^2 = m\frac{\mathrm{d}v}{\mathrm{d}t} = m\left(\frac{\mathrm{d}v}{\mathrm{d}x}\right)\left(\frac{\mathrm{d}x}{\mathrm{d}t}\right) = mv\frac{\mathrm{d}v}{\mathrm{d}x}$$

可得

$$\mathrm{d}x = -\frac{m}{k}\frac{\mathrm{d}v}{v}$$

$$x = \frac{m}{k}\ln\frac{m+kv_0t}{m}$$

这里我们就可以看到最大深度不是一个有限值。

例题 2　如图 2-1（a）所示，一条质量分布均匀的绳子，其质量为 m，长度为 L，一端拴在竖直转轴 OO' 上，并以恒定角速度 ω 在水平面上旋转，设转动过程中绳子始终伸直不打弯，且忽略重力，求：（1）距转轴 r 处绳中的张力 $F_T(r)$；（2）绳子对转轴的作用力。

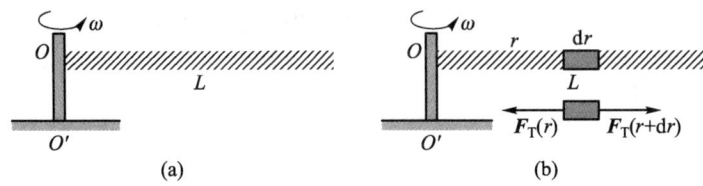

图 2-1

分析：本题要求绳中任一点的张力，需要用微积分的思想，在绳子上任取一小段质元 $\mathrm{d}m$ 来分析。可根据牛顿第二定律找到 $\mathrm{d}F_T$ 与 $\mathrm{d}r$ 之间的关系。绳子的末端为自由端，受到的向右的力为 0，此即临界条件。再根据 $\mathrm{d}F_T$ 与 $\mathrm{d}r$ 之间的关系进行积分即可得到任意位置处绳子的张力。

解：（1）在距轴 r 处，取长为 $\mathrm{d}r$ 的一小段绳作为质元，其质量为 $\mathrm{d}m = \dfrac{m}{L}\mathrm{d}r$，其受力如图 2-1（b）所示，质元 $\mathrm{d}m$ 所受合力为

$$\mathrm{d}F_T = F_T(r+\mathrm{d}r) - F_T(r)$$

根据牛顿第二定律，有

$$\mathrm{d}F_T = -\mathrm{d}m \cdot r\omega^2 = -\frac{m}{L}\omega^2 r\mathrm{d}r$$

绳子的末端为自由端，向右的力为零，即 $F_T(L) = 0$，对上式两边同时积分得

$$\int_{F_T(r)}^{0} \mathrm{d}T = -\int_{r}^{L} \frac{m\omega^2}{L}r\mathrm{d}r$$

这里应该注意积分的上下限，下限是积分开始的位置，上限是积分结束的位置，积分结果为

$$F_T(r) = \frac{m\omega^2(L^2 - r^2)}{2L}$$

（2）绳子对转轴的作用力大小等于整段绳受到的张力，即 $r = 0$ 处的张力，代入上式得

18

$$F_T(0) = \frac{m\omega^2 L}{2}$$

说明：这道题是一个理想化的情况，如果质量分布不均匀，则 dm 表达式应该与 r 有关，从而改变积分的表达式，进而得到不同的结果。

例题 3 如图 2-2 所示为一斜面，倾角为 α，底边 AB 长为 $l = 2.1\,\mathrm{m}$，质量为 m 的物体从斜面顶端由静止开始向下滑动，斜面的摩擦因数为 $\mu = 0.14$。试问：当 α 为何值时，物体在斜面上下滑的时间最短？其数值为多少？

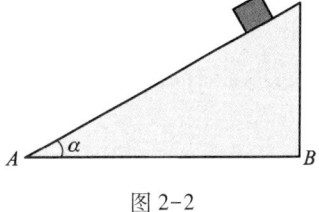

图 2-2

分析：动力学问题一般分为两类：（1）已知物体所受的力，求其运动情况；（2）已知物体的运动情况，分析其所受的力。当然，在一个具体题目中，这两类问题并无明显的界限，且都是以加速度作为中介，把动力学方程和运动学方程结合，解出时间与倾角的函数关系 $t = f(\alpha)$，然后运用对 t 求极值的方法即可得出数值。

解：取沿斜面向下为坐标轴 Ox 正方向，坐标原点 O 位于斜面顶点，由牛顿第二定律得

$$mg\sin\alpha - \mu mg\cos\alpha = ma$$

由此可见，物体在斜面上做匀变速直线运动，故有

$$\frac{l}{\cos\alpha} = \frac{1}{2}at^2 = \frac{1}{2}g(\sin\alpha - \mu\cos\alpha)t^2$$

解得

$$t = \sqrt{\frac{2l}{g\cos\alpha(\sin\alpha - \mu\cos\alpha)}}$$

为使下滑的时间最短，令 t 对 α 的一阶导数等于零，即 $\dfrac{dt}{d\alpha} = 0$，

$$-\sin\alpha(\sin\alpha - \mu\cos\alpha) + \cos\alpha(\cos\alpha + \mu\sin\alpha) = 0$$

可得

$$\tan 2\alpha = \frac{1}{\mu}, \quad \alpha = 49°$$

此时：

$$t_{\min} = \sqrt{\frac{2l}{g\cos\alpha(\sin\alpha - \mu\cos\alpha)}} = 0.99\,\mathrm{s}$$

例题 4 一质点沿 x 轴运动，其所受的力如图 2-3 所示，设 $t = 0$ 时，$v_0 = 5\,\mathrm{m/s}$，$x_0 = 2\,\mathrm{m}$，质点质量为 $m = 1\,\mathrm{kg}$，求该质点 $7\,\mathrm{s}$ 末的速度和位置坐标。

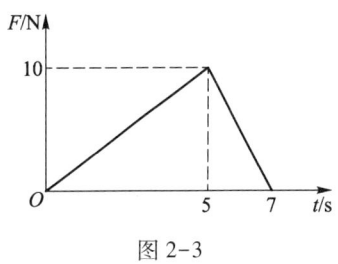

图 2-3

分析：首先应由题图求得两个时间段的 $F(t)$ 函数，然后根据牛顿第二定律可以求得相应的加速度函数，再根据运动学方法可求得结果。需要注意积分上下限的取值对应。

解：由题图得

$$F(t)=\begin{cases}2t, & 0<t<5\,\text{s}\\35-5t, & 5\,\text{s}<t<7\,\text{s}\end{cases}$$

由牛顿运动定律可得两个时间段质点的加速度分别为

$$a_1=2t, \qquad 0<t<5\,\text{s}$$

$$a_2=35-5t, \qquad 5\,\text{s}<t<7\,\text{s}$$

对 $0<t<5\,\text{s}$ 时间段，由 $a=\dfrac{\mathrm{d}v}{\mathrm{d}t}$ 得

$$\int_{v_0}^{v}\mathrm{d}v=\int_0^t a_1\mathrm{d}t$$

积分后得

$$v=5+t^2$$

再由 $v=\dfrac{\mathrm{d}x}{\mathrm{d}t}$ 得

$$\int_{x_0}^{x}\mathrm{d}x=\int_0^t v\mathrm{d}t$$

积分后得

$$x=2+5t+\frac{1}{3}t^3$$

将 $t=5\,\text{s}$ 代入，得 $v_5=30\,\text{m}\cdot\text{s}^{-1}$ 和 $x_5=68.7\,\text{m}$。

对 $5\,\text{s}<t<7\,\text{s}$ 时间段，用同样方法可得

$$\int_{v_5}^{v}\mathrm{d}v=\int_5^t a_2\mathrm{d}t$$

积分可得

$$v=35t-2.5t^2-82$$

再由 $\int_{x_5}^{x}\mathrm{d}x=\int_5^t v\mathrm{d}t$ 得

$$x=17.5t^2-0.83t^3-82.5t+147.87$$

将 $t=7\,\text{s}$ 代入，得 $v_7=40.5\,\text{m/s}$ 和 $x_7=143.18\,\text{m}$。本题采用 SI 单位

  例题 5 如图 2-4（a）所示，一个质量为 m_0 的三棱柱放在光滑水平面上，三棱柱斜面光滑，其上有一质量为 m 的小物块，小物块由静止释放，求小物块和三棱柱相对地面的加速度。假设三棱柱斜面与地面的夹角为 θ。

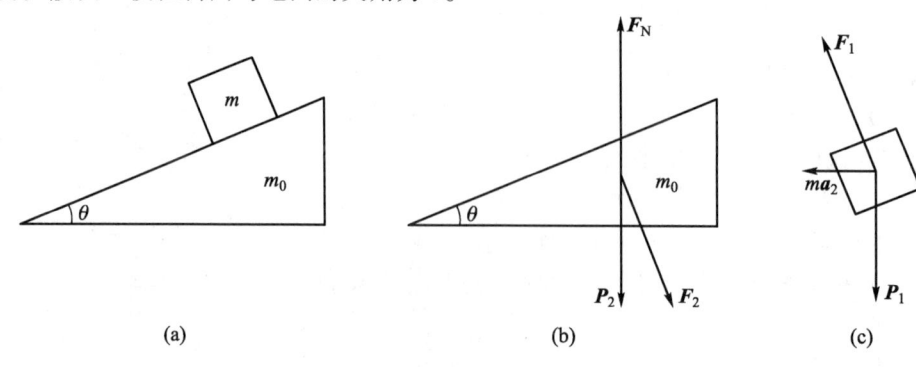

(a)   (b)   (c)

图 2-4

分析：如果以地面为参考系，地面是惯性系，我们就可以用牛顿第二定律直接求解这道题，但由于小物块在斜面上运动，相对于地面的加速度方向与水平面的夹角并不是 θ，所以直接求解比较困难。而如果选三棱柱作为参考系，由于三棱柱相对于地面有加速度，是非惯性系，我们就需要用非惯性系的动力学来求解小物块的加速度。在具体求解过程中，只需要在做受力分析时加上惯性力，就可以用形式上的牛顿第二定律来求解了。

解：设小物块相对于三棱柱的加速度为 $\boldsymbol{a}_1$，三棱柱相对于地面的加速度为 $\boldsymbol{a}_2$。以地面为参考系，对三棱柱做受力分析，三棱柱受到重力 $\boldsymbol{P}_2$、地面的支持力 $\boldsymbol{F}_N$ 和小物块的压力 $\boldsymbol{F}_2$，如图 2-4（b）所示，由牛顿第二定律可得

$$F_2 \sin \theta = m_0 a_2$$

以三棱柱为参考系，如图 2-4（c）所示，对小物块做受力分析，小物块受到重力 $\boldsymbol{P}_1$、三棱柱的支持力 $\boldsymbol{F}_1$ 和惯性力 $\boldsymbol{F}_i = m\boldsymbol{a}_2$，由形式上的牛顿第二定律可得

$$\boldsymbol{F}_1 + \boldsymbol{P}_1 + \boldsymbol{F}_i = m\boldsymbol{a}_1$$

将上式沿垂直于斜面和平行于斜面分解，得

$$\begin{cases} F_1 + ma_2 \sin \theta = mg \cos \theta \\ ma_2 \cos \theta + mg \sin \theta = ma_1 \end{cases}$$

根据作用力与反作用力，

$$F_1 = -F_2$$

由以上式子可以解得

$$\begin{cases} a_1 = \dfrac{(m_0 + m)g \sin \theta}{m_0 + m \sin^2 \theta} \\ a_2 = \dfrac{mg \sin \theta \cos \theta}{m_0 + m \sin^2 \theta} \end{cases}$$

再根据相对运动，可以求得小物块相对于地面的加速度为

$$\boldsymbol{a} = \boldsymbol{a}_1 + \boldsymbol{a}_2 = (a_2 - a_1 \cos \theta)\boldsymbol{i} - a_1 \sin \theta \boldsymbol{j}$$

$$= -\frac{m_0 g \sin \theta \cos \theta}{m_0 + m \sin^2 \theta}\boldsymbol{i} - \frac{(m_0 + m)g \sin^2 \theta}{m_0 + m \sin^2 \theta}\boldsymbol{j}$$

思考：（1）这道题如果以地面为参考系，该如何求解呢？这时候需要加上一个约束条件，即小物块相对于三棱柱的加速度方向要沿着斜面方向。

（2）这道题还可以求斜面与物块之间的相互作用力，将求得的 a_2 代入方程即可，即

$$F_1 = mg \cos \theta - ma_2 \cos \theta = \frac{m_0 mg \cos \theta}{m_0 + m \sin^2 \theta}$$

（3）这道题还可以进一步讨论当小物块从三棱柱顶端由静止自由下滑到底端时，小物块和三棱柱的速度。

五、习题

（一）选择题

1. 轻质弹簧下端挂一重物，手持弹簧上端使物体向上做匀加速运动，在手突然停止运动的瞬间，重物将（   ）。

A. 立即停止运动   B. 开始向上减速运动

C. 开始向上匀速运动   D. 继续向上加速运动

2. 水平地面上放一物体 A，它与地面间的动摩擦因数为 μ，现加一恒力 F，假设物体始终在水平面上运动，如图 2-5 所示，欲使物体 A 有最大加速度，则恒力 F 与水平方向夹角 θ 应满足（   ）。

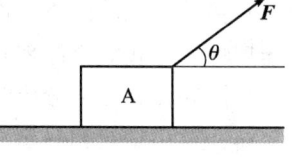

图 2-5

A. $\sin\theta=\mu$ B. $\cos\theta=\mu$

C. $\tan\theta=\mu$ D. $\cot\theta=\mu$

3. 一汽车行驶在路面水平的公路上，假设汽车转弯处轨道半径为 R，汽车轮胎与路面间的摩擦因数为 μ，要使汽车不至于发生侧向打滑，汽车在该处的行驶速率（   ）。

     A. 不得小于 $\sqrt{\mu g R}$

     B. 必须等于 $\sqrt{\mu g R}$

     C. 不得大于 $\sqrt{\mu g R}$

     D. 还应由汽车的质量 m 决定

4. 用水平力 F_N 把一个物体压在粗糙的竖直墙面上保持静止，当 F_N 逐渐增大时，物体所受的静摩擦力 F_f 的大小（   ）。

     A. 随 F_N 成正比增大

     B. 开始随 F_N 增大而增大，达到某一最大值后，就保持不变

     C. 不为零，但保持不变

     D. 无法确定

5. 如图 2-6 所示，半径为 r 的圆筒绕竖直中心轴 OO' 转动，一物块靠在圆筒的内壁上，它与圆筒间的摩擦因数为 μ。现要使物块不下落，则圆筒转动的角速度 ω 至少为（   ）。

A. $\sqrt{\mu g}$ B. $\sqrt{\dfrac{\mu g}{r}}$

C. $\sqrt{\dfrac{g}{\mu r}}$ D. $\sqrt{\dfrac{g}{r}}$

6. 如图 2-7 所示，质量为 m 的物体用平行于斜面的细线连接并置于光滑的斜面上，若斜面向左方做加速运动，则当物体刚脱离斜面时，它的加速度的大小为（   ）。

A. $g\sin\theta$ B. $g\cos\theta$

C. $g\tan\theta$ D. $g\cot\theta$

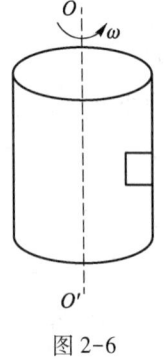

图 2-6

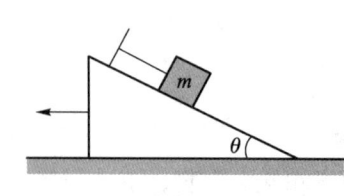

图 2-7

7. 一质点受三个处于同一平面上的力 F_1、F_2 和 F_3 的作用，$F_1 = 5i - 7tj$、$F_2 = -7i + 5tj$、$F_3 = 2i + 2t^2j$（式中力的单位为 N，t 的单位为 s）。设 $t = 0$ 时，质点的速度 $v = 0$，则质点（　　　）。

    A. 处于静止状态   B. 做匀加速运动

    C. 做变加速直线运动   D. 做变速曲线运动

8. 在升降机天花板上拴有轻绳，其下端系一重物，当升降机以加速度 a_1 上升时，绳中的张力正好等于绳子所能承受的最大张力的一半，问升降机以多大加速度上升时，绳子刚好被拉断？（　　　）

    A. $2a_1$ B. $2(a_1 + g)$

    C. $2a_1 + g$ D. $a_1 + g$

9. 一质量为 m 的轮船受到的河水阻力为 $F = -kv$，设轮船在速度 v_0 时关闭发动机，则船还能前进的距离为（　　　）。

    A. $\dfrac{m}{k}v_0$ B. $\dfrac{k}{m}v_0$

    C. $\dfrac{k}{mv_0}$ D. mkv_0

10. 一小环套在光滑细杆上，细杆以倾角 θ 绕竖直轴做匀角速度转动，角速度为 ω，如图 2-8 所示，则小环平衡时距杆端点 O 的距离 r 为（　　　）。

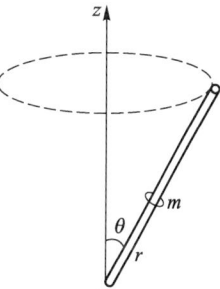

    A. $\dfrac{g}{\omega^2 \tan\theta}$ B. $\dfrac{g}{\omega^2 \cos\theta}$

    C. $\dfrac{g}{\omega^2 \tan\theta \sin\theta}$ D. $\dfrac{g\tan\theta}{\omega^2}$

图 2-8

（二）填空题

1. 质量为 10 kg 的物体沿 x 轴无摩擦运动，设 $t = 0$ 时，物体位于坐标原点，速度为 0。物体在力 $F = 3 + 4t$（SI 单位）作用下运动了 4 s，则 4 s 末物体的速度大小为（　　　）m/s。

2. 质量为 1 kg 的物体沿 x 轴做无摩擦的运动，已知 $t = 0$ 时，物体位于坐标原点，速度为 10 m/s。设物体在力 $F = 2 + 4t^3$（SI 单位）作用下运动了 1 s，则 1 s 末物体所在坐标位置为（　　　）m（保留 1 位小数）。

3. 一质量为 m 的质点沿 x 轴正方向运动，假设该质点通过坐标 x 时的速度为 kx（k 为正的常量），则此时作用于该质点上的力 $F = $（　　　），该质点从 $x = x_0$ 处出发运动到 $x = x_1$ 处所经历的时间为 $\Delta t = $（　　　）。

4. 一质量为 5 kg 的物体在力 $F = 3 + 4t^2$（SI 单位）的作用下沿 x 轴无摩擦地运动，则 $t = 2$ s 时物体的加速度大小为 $a = $（　　　）m/s^2。

5. 一质量为 70 kg 的人站在升降机中的磅秤上，当升降机以加速度 0.2 m/s^2 匀加速上升时，磅秤上指示的读数为（　　　）N。注：重力加速度取 $g = 9.8$ m/s^2。

6. 一质量为 $m = 10$ kg 的质点沿 x 轴正方向运动，假设该质点通过坐标 x 时的速度为 $v = 2x$（SI 单位），则 $x = 20$ cm 时作用于该质点上的力 $F = $（　　　）N。

7. 一质量为 m 的质点沿 x 轴正向运动，假设该质点通过坐标 x 时的速度为 $v = 2x$（SI

单位），该质点从 $x_0 = 1\,\mathrm{m}$ 处出发运动到 $x_1 = 2\,\mathrm{m}$ 处所经历的时间为（　　）s。注意：$\ln 2 = 0.693$；结果保留 2 位小数。

8. 质量为 $m = 6\,\mathrm{kg}$ 的物体，当 $t = 0$ 时，从 $x = 0$ 处自静止开始在力 F 作用下沿 x 轴运动，若物体在力 $F = 1 + 2x$（SI 单位）作用下运动了 3 m，不计摩擦，则此时物体的速度为（　　）m/s。

9. 一质量为 m 的质点沿 x 轴正向运动，设该质点通过坐标 $x(x>0)$ 点时的速度为 $v = k\sqrt{x}\,\boldsymbol{i}$（$k>0$，为常量），则质点所受到的合力为（　　）。

10. 在光滑的水平面上有两辆静止的小车，它们之间用一根轻绳相互连接，设第一辆车和车上的人的质量总和为 250 kg，第二辆车的质量为 500 kg。现在第一辆车上的人用 $F = 25t^2$（F 的单位为 N，t 的单位为 s）的水平力拉绳子，则 3 s 末第一辆车的速度大小为（　　），第二辆车的速度大小为（　　）。

（三）计算题

1. 如图 2-9 所示，将质量为 m 的小球用细线挂在倾角为 θ 的光滑斜面上，若斜面以加速度 $\boldsymbol{a}$ 沿图示方向运动，（1）求细线上的张力及小球对斜面的压力；（2）加速度为多大时，小球开始脱离斜面？

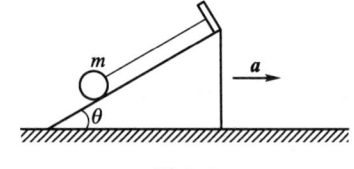

图 2-9

2. 一质量为 10 kg 的质点，在力 $F = 120t + 40$（SI 单位）的作用下沿 x 轴做直线运动，在 $t = 0$ 时，质点位于 $x_0 = 5.0\,\mathrm{m}$ 处，其速度为 $v_0 = 6.0\,\mathrm{m \cdot s^{-1}}$，求质点在任意时刻的速度和位置。

3. 如图 2-10 所示，在竖直平面上固定一个光滑的细圆环，环半径为 a，环上套一个质量为 m 的小环。设小环在大环顶端受微扰而由静止开始下滑，求大环对小环的作用力 F 随角位置 θ 的变化关系。

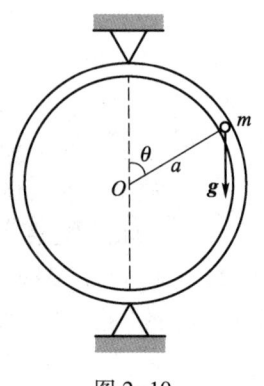

图 2-10

4. 如图 2-11 所示，质量为 m 的物体放在水平桌面上，物体与桌面间的最大静摩擦因数为 μ，求拉动该物体所需的最小的力。

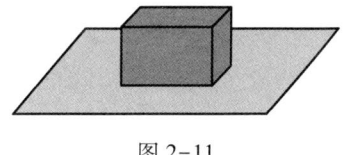

图 2-11

5. 质量为 $m=6\,\mathrm{kg}$ 的物体在光滑路面上做直线运动，当 $t=0$ 时，$x=0$，$v=0$，求在力 $F=3+4t$ 作用下，$t=3\,\mathrm{s}$ 时物体的速度。（式中 F 的单位为 N，t 的单位为 s。）

6. 质量为 $m=6\,\mathrm{kg}$ 的物体在光滑路面上做直线运动，当 $t=0$ 时，$x=0$，$v=0$，求在力 $F=3+4x$ 作用下，物体运动到 $x=3\,\mathrm{m}$ 时的速度大小。（式中 F 的单位为 N，x 的单位为 m。）

7. 在一个半径为 R 的半球形碗内有一质量为 m 的小球，当球以角速度 ω 在水平面内沿碗内壁做匀速圆周运动时，它离碗底有多高?

8. 轻型飞机连同驾驶员总质量为 $1.0\times10^{3}\,\mathrm{kg}$。飞机以 $55\,\mathrm{m/s}$ 的速率在水平跑道上着陆后，驾驶员开始制动，若阻力与时间成正比，比例系数 $\alpha=5.0\times10^{2}\,\mathrm{N/s}$，求：（1）$10\,\mathrm{s}$ 后飞机的速率；（2）飞机着陆后 $10\,\mathrm{s}$ 内滑行的距离。

9. 如图 2-12 所示，光滑的水平桌面上放置一个半径为 R 的固定圆环，物体紧贴环的内侧做圆周运动，其摩擦因数为 μ。开始时物体的速率为 v_0，求：（1）t 时刻物体的速率；（2）当物体速率从 v_0 减少到 $\frac{1}{2}v_0$ 时，物体所经历的时间及经过的路程。

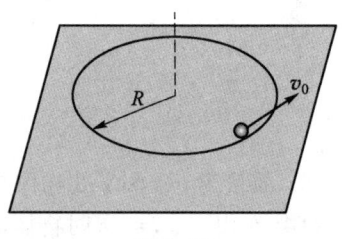

图 2-12

10. 质量为 45.0 kg 的物体由地面以初速 60.0 m/s 竖直向上发射，物体受到空气的阻力为 $F=kv$，且 $k=0.03\ \mathrm{N\cdot m^{-1}\cdot s}$。求：（1）物体发射到最大高度所需的时间；（2）最大高度。

第二章习题
参考答案

第三章　动量守恒定律和能量守恒定律

一、基本要求

（一）掌握

1. 冲量、动量、动量定理、动量守恒定律；
2. 功、动能定理；
3. 保守力、势能、功能原理、机械能守恒定律；
4. 质心、质心运动定理。

（二）理解

1. 系统内质量移动问题；
2. 完全弹性碰撞、完全非弹性碰撞。

（三）了解

对称性与守恒律。

二、思维导图

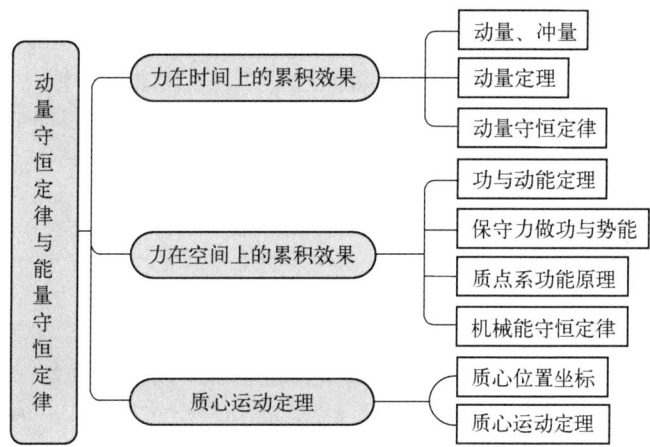

三、主要知识点

1. 动量和冲量

（1）动量 $\boldsymbol{p}$：质点的质量与其速度的乘积，单位：kg·m/s。

$$\boldsymbol{p} = m\boldsymbol{v} \tag{3-1}$$

（2）冲量 $\boldsymbol{I}$：力对时间的累积。

$$\boldsymbol{I} = \int \boldsymbol{F} \mathrm{d}t \tag{3-2}$$

注意：冲量是矢量，其方向与质点动量增量的方向一致。

2. 质点的动量定理

在给定的时间间隔内，外力作用在质点上的冲量等于质点在该段时间内动量的增量。

$$I = \int_{t_1}^{t_2} \boldsymbol{F} \mathrm{d}t = \boldsymbol{p}_2 - \boldsymbol{p}_1$$

或

$$\boldsymbol{F} \mathrm{d}t = \mathrm{d}\boldsymbol{p} \tag{3-3}$$

3. 质点系的动量定理

在给定的时间间隔内，作用在质点系的合外力的冲量等于系统动量的增量。

$$\int_{t_1}^{t_2} \boldsymbol{F}^{\mathrm{ex}} \mathrm{d}t = \sum_{i=1}^{n} m_i \boldsymbol{v}_i - \sum_{i=1}^{n} m_i \boldsymbol{v}_{i0} = \boldsymbol{p} - \boldsymbol{p}_0$$

或

$$\boldsymbol{F}^{\mathrm{ex}} = \frac{\mathrm{d}\boldsymbol{p}}{\mathrm{d}t} \tag{3-4}$$

说明：质点系内力对系统总动量没有影响。

4. 动量守恒定律

若系统所受合外力为零，则系统的动量保持不变。

说明：

① 虽然系统的总动量不变，但系统内任一质点的动量是可变的；

② 动量守恒条件：系统所受合外力为零。特例：若系统内力远大于系统所受外力，也可认为系统总动量守恒（例如在爆炸和碰撞过程中，系统动量守恒）；

③ 系统所受合外力不为零，但合外力在某个方向的分量为零。此时，系统总动量不守恒，但在该方向动量守恒；

④ 动量守恒定律是物理学最普遍、最基本的定律之一。

5. 功

（1）恒力的功：等于力与位移的点积。

$$W = \boldsymbol{F} \cdot \Delta \boldsymbol{r} \tag{3-5}$$

（2）变力的功：利用微积分的思想，每个元过程都可以看成恒力。变力的功等于各元过程做的功之和，即

$$W = \int_A^B \boldsymbol{F} \cdot \mathrm{d}\boldsymbol{r} \tag{3-6}$$

注意：

① 功是过程量；

② 功是标量，但是有正负：若力的方向与质点位移方向夹角小于 90°，则该力对质点做正功；若二者夹角大于 90°，则该力对质点做负功；若二者夹角等于 90°，则该力对质点不做功。

③ 合力做功：作用在质点上的合力做的总功，等于各分力所做的功的代数和。

$$\begin{aligned} W &= \int \boldsymbol{F} \cdot \mathrm{d}\boldsymbol{r} = \int (\boldsymbol{F}_1 + \boldsymbol{F}_2 + \cdots + \boldsymbol{F}_n) \cdot \mathrm{d}\boldsymbol{r} \\ &= \int \boldsymbol{F}_1 \cdot \mathrm{d}\boldsymbol{r} + \int \boldsymbol{F}_2 \cdot \mathrm{d}\boldsymbol{r} + \cdots + \int \boldsymbol{F}_n \cdot \mathrm{d}\boldsymbol{r} = \sum_{i=1}^{n} W_i \end{aligned} \tag{3-7}$$

（3）功率：单位时间内力对质点做的功。

$$P = \frac{\mathrm{d}W}{\mathrm{d}t} = \boldsymbol{F} \cdot \frac{\mathrm{d}\boldsymbol{r}}{\mathrm{d}t} = \boldsymbol{F} \cdot \boldsymbol{v} \tag{3-8}$$

6. 质点的动能定理

（1）动能：

$$E_\mathrm{k} = \frac{1}{2}m\boldsymbol{v}^2 \tag{3-9}$$

（2）质点的动能定理：作用在质点上的合力对质点做的功，等于质点动能的增量。

$$W = E_\mathrm{k2} - E_\mathrm{k1} \tag{3-10}$$

7. 质点系的动能定理

作用于质点系统的所有力（包括外力和内力）对系统做的功，等于该系统动能的增量。

$$W^\mathrm{ex} + W^\mathrm{in} = \Delta E_\mathrm{k} \tag{3-11}$$

式中，W^ex 表示质点系所受合外力做的功；W^in 表示质点系所有内力做的功；ΔE_k 表示系统动能的增量。

8. 势能

（1）保守力：做功只与始末位置有关，而与路径无关，这样的力称为保守力。常见的保守力有万有引力、重力、弹性力等。

（2）势能：与位置有关的相互作用能。

定义：保守力所做的功等于系统势能增量的负值，即

$$W_\text{保} = -\Delta E_\mathrm{p} \tag{3-12}$$

要求某点的势能，首先要选择势能零点。物体在某点具有的势能等于将该物体从该点移动到势能零点时保守力所做的功。

$$E_\mathrm{p}(a) = \int_a^{"0"} \boldsymbol{F}_\text{保} \cdot \mathrm{d}\boldsymbol{r} \tag{3-13}$$

说明：

① 系统的势能是相对值，与势能零点的选择有关。势能零点的选择是任意的，但是为了势能表达式的简洁，常见的几种保守力有常用的选取办法，例如万有引力、重力和弹簧弹性力一般分别取无限远处、地面处和弹簧原长处为势能零点；

② 势能是一个状态量；

③ 势能是属于系统的。

9. 质点系的功能原理

作用于质点系的外力和非保守内力所做的功之和，等于质点系机械能的增量。

$$W^\mathrm{ex} + W_\mathrm{nc}^\mathrm{in} = E_2 - E_1 \tag{3-14}$$

式中，W^ex 表示作用在质点系统上合外力做的功；$W_\mathrm{nc}^\mathrm{in}$ 表示系统内非保守内力做的功；E_2、E_1 分别表示质点系末态和初态的机械能。

10. 机械能守恒定律

若一个系统内只有保守内力做功，其他内力和一切外力都不做功，或者它们所做的总功始终为零，则系统的机械能保持不变。

机械能守恒的条件：$W^{ex} + W^{in}_{nc} = 0$。

说明：机械能守恒表示机械能保持不变，但系统内各物体的动能和势能可以相互转化，转化的手段是保守内力做功，量度是保守内力做功的大小。

11. 质心运动定理

（1）质心：系统的质量中心。

质心的位矢：

离散分布：

$$r_C = \frac{\sum_i m_i r_i}{m} \tag{3-15}$$

连续分布：

$$r_C = \frac{\int_V r \, dm}{m} \tag{3-16}$$

其中，m 表示系统总质量。由此可见，质心位矢就是质点位矢以质量为权重的平均值。

（2）质心运动定理：

$$F = m a_C \tag{3-17}$$

系统所受合外力等于系统总质量乘以质心加速度。

四、典型例题解析

例题 1 一颗子弹在枪管内飞出过程中所受合力的大小随时间变化的关系可表示为 $F = 400 - \frac{4 \times 10^5}{3} t$，其中，$F$ 的单位为 N，t 的单位为 s。若子弹到达枪口时所受的力刚好为零，此时子弹的速度为 300 m/s，求：（1）子弹在枪管内飞行时间；（2）这段时间内该力冲量的大小；（3）子弹的质量。

分析：子弹在枪管内飞行过程中所受合力的大小变化极快，该变力对子弹的作用时间极短，合力的冲量使子弹获得了动量，可根据冲量的定义求解该合力的冲量大小，再利用动量定理求解子弹的质量。另外，由题可知，子弹在枪管内的运动过程中所受的合力关于时间呈线性变化，也可先作出 F-t 图，利用"面积法"求解合力的冲量大小，再结合动量定理求解子弹的质量。

解：（1）根据题意，子弹在枪口时所受合力为零，即

$$F = 400 - \frac{4 \times 10^5}{3} t = 0$$

得子弹在枪管内的飞行时间为 $t = 3 \times 10^{-3}$ s。

（2）子弹所受冲量大小为

$$I = \int_0^t F \, dt = \int_0^{0.003} \left(400 - \frac{4 \times 10^5}{3} t \right) dt = 0.6 \, \text{N} \cdot \text{s}$$

子弹所受冲量的大小也可以由 F-t 图（如图 3-1 所示）的面积求得，

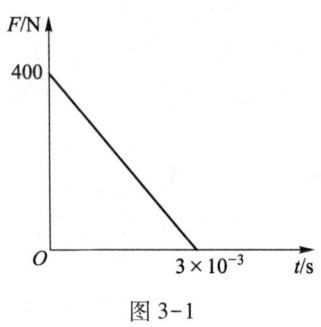

图 3-1

$$I = S_{\triangle} = \frac{1}{2} \times 400 \times 3 \times 10^{-3} \text{ N} \cdot \text{s} = 0.6 \text{ N} \cdot \text{s}$$

（3）根据动量定理，$I = \Delta p = mv - 0$，得子弹的质量

$$m = \frac{I}{v} = \frac{0.6 \text{ N} \cdot \text{s}}{300 \text{ m/s}} = 2 \times 10^{-3} \text{ kg}$$

例题 2 某汽车起动后在水平地面做直线运动，汽车的牵引力与汽车走过的路程之间关系如图 3-2 所示。其中，曲线 OA 恰好是四分之一圆周。求汽车行驶 7 m 的过程中，牵引力所做的功。

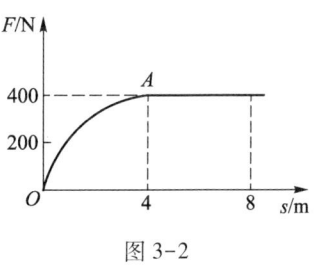

图 3-2

分析： 由题可知，汽车在运动过程中所受的牵引力不是恒力，在运动区间内，F 是分段函数，可先写出 F-s 之间的函数关系，再利用功的定义，分段积分后即可计算出牵引力做的功。另外，功是力对空间的累积效果，根据功的几何意义可知，F-s 曲线下所包围的面积就是力所做的功。在 $0 \sim 7$ m 范围内，曲线下包围的面积为四分之一圆的面积与一个矩形面积之和。因此，利用"面积法"也可以求解。

解： 解法一：利用力在空间累积效果计算牵引力做的功，即

$$A = \int \boldsymbol{F} \cdot \mathrm{d}\boldsymbol{s} = \int F \mathrm{d}s$$

由图可得牵引力 F 与汽车运动路程 s 之间的函数关系可表示为

$$F = \begin{cases} 100\sqrt{s(8-s)} & (0 \leqslant s \leqslant 4 \text{ m}) \\ 400 & (s \geqslant 4 \text{ m}) \end{cases}$$

式中，s 的单位为 m，F 的单位为 N。所以

$$A = \int F \mathrm{d}s = \int_0^4 100\sqrt{s(8-s)} \, \mathrm{d}s + \int_4^7 4 \times 10^2 \mathrm{d}s$$

$$= 400\pi \text{ N} \cdot \text{m} + 1200 \text{ N} \cdot \text{m} = 2.46 \times 10^3 \text{ J}$$

解法二：利用"面积法"计算。

在 $0 \sim 7$ m 内牵引力所做的功，即图中四分之一圆的面积与一个矩形面积之和。

$$A = \frac{\pi}{4} \times 400 \times 4 \text{ N} \cdot \text{m} + 400 \times 3 \text{ N} \cdot \text{m}$$

$$= 2.46 \times 10^3 \text{ J}$$

两种方法所得结果相同。

例题 3 有一沿 x 轴方向的保守力 F 作用于一质点，已知该保守力与质点位置坐标 x 之间的关系为 $\boldsymbol{F} = (-Ax + Bx^2)\boldsymbol{i}$，式中 A、B 为常量，x 的单位为 m，F 的单位为 N。若取 $x = 0$ 处为势能零点，即 $E_p = 0$，求：（1）质点位于 x 处时系统的势能；（2）质点从 $x = 2$ m 处运动到 $x = 3$ m 处时，系统势能的增量以及保守力做的功，并说明二者之间的关系。

分析： 本题考查的是势能的概念及计算、保守力做功的特点以及保守力做功与势能增量之间的关系。势能属于保守力相互作用的系统，是由相对位置决定的函数。空间某点的势能值是相对于势能零点的，数值上等于从该点将质点移动到势能零点时保守力所做的功。

31

解：（1）已知势能零点位于坐标原点，则 x 处的势能为

$$E_{px} = A_{x0} = \int_x^0 \boldsymbol{F} \cdot \mathrm{d}x\boldsymbol{i} = \int_x^0 (-Ax + Bx^2)\,\mathrm{d}x = \frac{A}{2}x^2 - \frac{B}{2}x^3$$

（2）质点由 $x = 2\,\mathrm{m}$ 处运动到 $x = 3\,\mathrm{m}$ 处时，势能的增量为

$$\Delta E_p = E_p\big|_{x=3} - E_p\big|_{x=2} = \frac{5}{2}A - \frac{19}{3}B$$

保守力做的功为

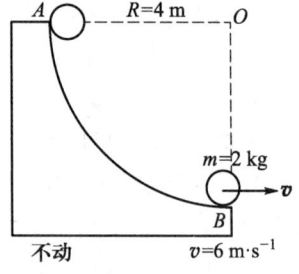

$$A = \int_2^3 F\mathrm{d}x = -\left(\frac{5}{2}A - \frac{19}{3}B\right)$$

可见，保守力做的功等于势能增量的负值，即 $A = -\Delta E_p$。

例题 4 如图 3-3 所示，一质量为 $m = 2\,\mathrm{kg}$ 的小球，沿固定的四分之一圆弧由静止滑下，到达 B 点时的速率为 $v = 6\,\mathrm{m/s}$，求小球由 A 点下滑到 B 点过程中摩擦力做的功。

图 3-3

分析：本题考查的是利用动能定理或功能原理解决变力做功的能力。小球在下滑过程中，所受的摩擦力大小、方向均在变化，因此，利用功的定义求解很不方便。小球在始末位置的速率已知，因此可求出动能的变化量。在此过程中，合外力对小球做的功包括三部分：重力做的功 W_G、摩擦力做的功 W_f 和支持力做的功 W_N，而重力做的功与运动路径无关，很容易求解，支持力做的功为零，因此可根据动能定理进行求解。

解：解法一：以小球为研究对象，根据动能定理有

$$W_G + W_f + W_N = \frac{1}{2}mv^2 - 0$$

$$W_G = mgR, \qquad W_N = 0$$

$$W_f = \frac{1}{2}mv^2 - mgR = -44\,\mathrm{J}$$

解法二：以小球、斜面、地球为一个系统，还可应用功能原理进行求解。系统所受合外力为 0，因此系统外力做的功为 $W^{ex} = 0$。系统内非保守内力，即小球与斜面之间的摩擦力做的功为 W_f，根据功能原理：

$$W^{ex} + W_{nc}^{in} = E - E_0$$

$$W_f = E_{k2} + E_{p2} - (E_{k1} + E_{p1}) = \frac{1}{2}mv^2 - mgR = -44\,\mathrm{J}$$

说明：变力做功问题，既可以用动能定理求解，也可以用功能原理求解。但是，在应用功能原理时要注意：功能原理的应用对象是包括地球在内的系统，其中，重力属于系统的保守内力，其做的功以系统势能增量负值的形式体现。因此，在应用功能原理时，等式左端只计算系统外力和系统内非保守内力做的功，不能重复计算重力做的功。

例题 5 一弹簧原长为 l_0，弹性系数为 k，上端固定，下端挂一质量为 m 的物体，先用手托住，使弹簧不伸长。（1）如将物体托住慢慢放下，则达静止（平衡位置）时，弹簧的最大伸长量和弹性力是多少？（2）如将物体突然放手，则物体到达最低位置时，弹簧的伸长量和弹性力各是多少？物体经过平衡位置时的速度是多少？

分析：物体悬挂于弹簧下端，受重力和弹性力作用。取物体、弹簧和地球为系统时，合外力做的功与非保守内力做的功之和始终为零，即 $W^{ex}+W^{nc}=0$，所以，系统的机械能守恒。本题涉及重力势能和弹性势能，解题时需正确选取势能零点。

解：（1）慢慢放下的物体将静止在所受合外力为零的平衡位置。设此时弹簧的伸长量为 x_0，以平衡位置为坐标原点，取向下为 Ox 轴正方向（如图 3-4 所示）。因受力平衡，有

$$-kx_0+mg=0$$

得弹簧的伸长量

$$x_0=\frac{mg}{k}$$

弹簧作用于物体的弹性力大小为

$$F=kx_0=mg$$

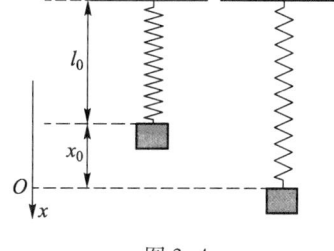

图 3-4

（2）初始时刻突然放手后，设物体最低可到达 x 处。以"放手"位置（$-x_0$ 处）和 x 处为系统的始态和末态，在此过程中，系统的机械能守恒。选平衡位置为重力势能零点，弹簧原长处为弹性势能零点，有

$$mgx_0=-mgx+\frac{1}{2}k\left(x_0+x\right)^2$$

弹簧的伸长量为

$$x_0+x=2\frac{mg}{k}$$

弹性力大小为

$$F=k(x_0+x)=2mg$$

设物体在平衡位置时的速度为 v，仍由机械能守恒定律，有

$$mgx_0=\frac{1}{2}kx_0^2+\frac{1}{2}mv_0^2$$

得

$$v=g\sqrt{\frac{m}{k}}=\sqrt{gx_0}$$

五、习题

（一）选择题

1. 一质量为 $60\,kg$ 的人静止站在一条质量为 $300\,kg$ 且正以 $2\,m/s$ 的速率向湖岸驶近的小木船上，湖水是静止的，其阻力不计。现在人相对于船以一水平速率 v 沿船的前进方向向河岸跳去，人起跳后，船速减为原来的一半，v 应为（　　　）。

    A. $2\,m/s$ B. $3\,m/s$

    C. $5\,m/s$ D. $6\,m/s$

2. 一质量为 m 的物体以速度 v 运动，在受到一个力的冲量作用后，速度大小保持不变，方向改变了 θ 角，则此力的冲量大小为（　　　）。

    A. $2mv\sin\dfrac{\theta}{2}$ B. $2mv\cos\dfrac{\theta}{2}$

C. $2mv\cos\theta$ D. $2mv\sin\theta$

3. 如图 3-5 所示，有一质量均匀分布的链条，总长度为 l，总质量为 m。用手按住其中一端，使其四分之三静止在光滑水平桌面上，另外四分之一悬在桌边。若将链条全部拉上桌面，则需要做的功为（ ）。

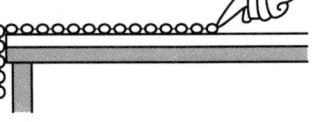

A. mgl B. $\dfrac{1}{8}mgl$

图 3-5

C. $\dfrac{1}{32}mgl$ D. $4mgl$

4. 一质点静止在 $x=0$ 处，给其施加一个力 F 后使其沿 x 方向运动，已知力 F 的表达式为 $F=F_0\mathrm{e}^{-kx}$，则该质点的最大动能为（ ）。

A. $\dfrac{F_0}{\mathrm{e}^k}$ B. $\dfrac{F_0}{k}$

C. F_0k D. $F_0k\mathrm{e}^k$

5. 一个质点同时在几个力作用下运动，其中一个力为恒力 $\boldsymbol{F}=-3\boldsymbol{i}-5\boldsymbol{j}+9\boldsymbol{k}$（SI 单位）。经过一段时间后，质点的位移为 $\Delta\boldsymbol{r}=4\boldsymbol{i}-5\boldsymbol{j}+6\boldsymbol{k}$（SI 单位）。在此运动过程中，该恒力对质点做的功为（ ）。

A. -67 J B. 17 J

C. 67 J D. 91 J

6. 对质点系有以下几种描述，其中正确的是（ ）。

（1）质点系总动量的改变与系统内力无关；（2）质点系总动能的改变与系统内力无关；（3）质点系机械能的改变与保守内力无关；（4）保守力做正功，系统内相应的势能增加。

A. （1）（4）是正确的 B. （2）（4）是正确的

C. （2）（3）是正确的 D. （1）（3）是正确的

7. 两个倾角不同、高度和质量均相同的光滑斜面放在光滑的水平面上，两个完全相同的物块分别从这两个斜面的顶点由静止开始下滑，则（ ）。

A. 两物块到达斜面底端时的动量相等

B. 物块和斜面组成的系统在水平方向上动量守恒

C. 对于物块和斜面（以及地球）组成的系统，机械能不守恒

D. 两物块到达斜面底端时的动能相等

8. 如图 3-6 所示，一质量为 m 的物体，位于质量可以忽略的直立弹簧的正上方高度 h 处，该物体由静止开始落向弹簧，若弹簧弹性系数为 k，不考虑空气阻力，则物体可能获得的最大动能是（ ）。

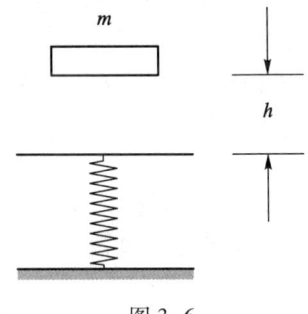

A. mgh B. $mgh-\dfrac{m^2g^2}{2k}$

C. $mgh+\dfrac{m^2g^2}{2k}$ D. $mgh+\dfrac{m^2g^2}{k}$

图 3-6

9. 如图 3-7 所示，质量分别为 m_1 和 m_2 的物块 A 和 B 置于光滑桌面上，A 和 B 之间用一轻弹簧相连。质量为 m_1 和 m_2 的物块 C 和 D 分别叠放在 A、B 之上，且 A 和 C、B 和 D 之间的摩擦因数均不为零。先用外力沿水平方向推压 A 和 B，使弹簧处于压缩状态，撤掉外力后，在 A 和 B 弹开的过程中，对 A、B、C、D 以及弹簧组成的系统，有（   ）。

A. 动量守恒，机械能守恒

B. 动量不守恒，机械能守恒

C. 动量守恒，机械能不一定守恒

D. 动量不守恒，机械能不守恒

10. 如图 3-8 所示，木块 m 沿固定的光滑斜面下滑，当下降 h 高度时，重力做功的瞬时功率是（   ）。

A. $mg\left(2gh\right)^{1/2}$

B. $mg\sin\theta\left(2gh\right)^{1/2}$

C. $mg\sin\theta\left(\dfrac{1}{2}gh\right)^{1/2}$

D. $mg\cos\theta\left(2gh\right)^{1/2}$

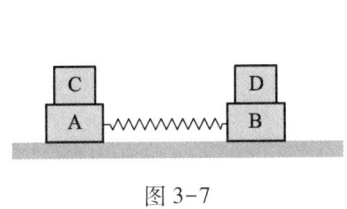

图 3-7

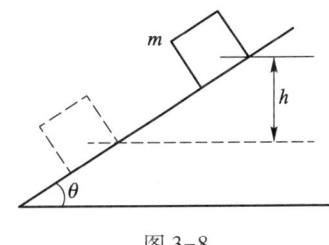

图 3-8

（二）填空题

1. 质量为 2 kg 的物体，置于光滑的水平面上，在水平力 $F=3+2x$（SI 单位）的作用下沿 x 方向运动，$t=0$ 时，$x_0=0$，$v_0=0$。当 $x=2$ m 时物体的速率为（   ）m/s，在这段时间内力对物体作用的冲量大小为（   ）N·s。

2. 如图 3-9 所示，一圆锥摆的摆球质量为 m，以匀速率 v 在水平面内做半径为 R 的圆周运动。则小球环绕一周的过程中，张力的冲量大小为（   ）。

3. 质量为 0.02 kg 的子弹，以 200 m/s 的速率射入一固定的墙壁内。在此过程中，子弹所受合力与其进入墙壁深度 x 的关系如图 3-10 所示，子弹能进入墙壁的最大深度为（   ）m。

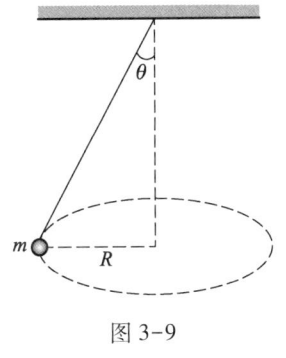

图 3-9

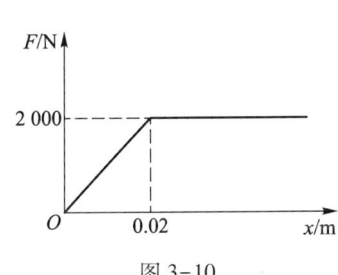

图 3-10

4. 如图 3-11 所示，质量为 m 的物块置于倾角为 θ 的斜面上。现用与斜面成 α 角的恒力 F 将物块沿斜面向上拉升，拉升高度为 h，物块与斜面间的摩擦因数为 μ，在此过程中摩擦力所做的功为（　　　）。

5. 一质量为 1.0 kg 的质点在力 F 的作用下沿 x 轴运动。已知质点的运动学方程为 $x = 3t - 4t^2 + t^3$（SI 单位）。则在 0 到 4 s 的时间间隔内，力 F 对质点所做的功 $W = $（　　　）J。

6. 一质量为 m 的物体置于电梯内，电梯以 $0.5g$ 的加速度匀加速下降 h，在此过程中，电梯对物体的作用力所做的功为（　　　）。

7. 如图 3-12 所示，一原长为 0.1 m 的弹簧，弹性系数为 $k = 50$ N·m^{-1}，一端固定在半径为 0.1 m 的半圆环的端点 A，另一端与一套在半圆环上的小环相连。在把小环由图中的 B 点移到 C 点的过程中，弹簧的拉力对小环所做的功为（　　　）J。

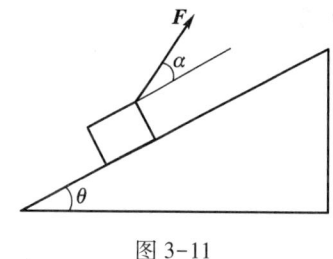
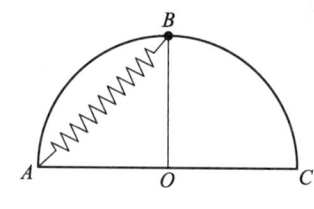

图 3-11　　　　　　　　　　　　　图 3-12

8. 已知地球的半径为 R，质量为 m_E。现有一质量为 m 的物体，在离地面高度为 $2R$ 处。以地球和物体为系统，若取地面为势能零点，则系统的引力势能为（　　　）；若取无限远处为势能零点，则系统的引力势能为（　　　）。（G 为引力常量。）

9. 如图 3-13 所示，一个人站在静止的船上，船和人的总质量为 $m = 300$ kg，一条轻绳一端系在岸边的一棵树上，另一端由人牵着。人用 $F = 100$ N 的恒力拉水平轻绳使船由静止开始运动，则船在第 3 s 末的速率为（　　　）m/s，在这段时间内拉力对船所做的功为（　　　）J。（不计水的阻力。）

10. 一质点在两个恒力共同作用下运动，一段时间后，质点发生的位移为 $\Delta r = 3i + 8j$（SI 单位），动能的增量为 24 J。已知其中一个恒力为 $F_1 = 12i - 3j$（SI 单位），则另一个恒力所做的功为（　　　）J。

图 3-13

（三）计算题

1. 一质量为 2.0 kg 的小球，沿 x 方向运动，运动学方程为 $x = 5t^2 - 2$（SI 单位），从 $t_1 = 1.0$ s 运动到 $t_2 = 3.0$ s，求：（1）合外力对小球做的功；（2）合外力对小球作用的冲量大小。

2. 倾角 α 为 30° 的光滑斜面固定在水平地面上，一弹性系数为 $k=25\,\text{N}\cdot\text{m}^{-1}$ 的轻质弹簧一端固定在斜面的顶端，另一端轻轻地挂上一质量为 $m_1=1.0\,\text{kg}$ 的木块。当木块沿斜面向下滑动 $s=0.3\,\text{m}$ 时，恰好有一质量为 $m_2=0.01\,\text{kg}$ 的子弹沿水平方向以 $200\,\text{m/s}$ 的速度射中木块，并嵌在其中，如图 3-14 所示。求子弹嵌入木块后子弹和木块的速度。

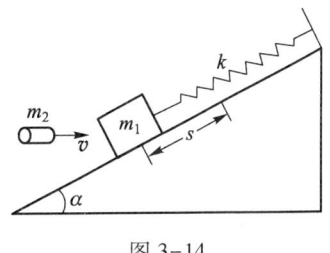

图 3-14

3. 如图 3-15 所示，弹性系数为 k 的轻弹簧，一端固定在墙上，另一端与质量为 m 的物体相连。物体与桌面间的摩擦因数为 μ，初始时刻物体位于 O 点，此时弹簧处于原长状态。现对物体施加一水平向右的恒力 F，使其向右移动，求弹簧的最大伸长量。

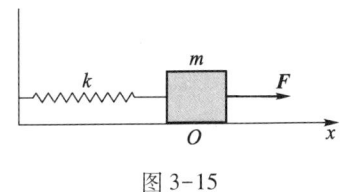

图 3-15

4. 一物体在介质中做直线运动，其运动学方程为 $x=ct^2$，c 为常量。介质对物体的阻力与物体运动速度成正比，比例系数为 k。求物体由 $x_0=0$ 运动到 $x=l$ 过程中阻力做的功。

5. 一质量为 $0.15\,\text{kg}$ 的棒球以 $v_0=40\,\text{m/s}$ 的水平速度飞来，被棒击打后，速度方向与水平方向成 135° 角，大小为 $v=50\,\text{m/s}$。如果棒与球的接触时间为 $0.02\,\text{s}$，求棒对球的平均打击力的大小及方向。

6. 一件行李的质量为 m，垂直地轻放在水平传送带上，传送带的速率为 v，行李与传送带间的摩擦因数为 μ。求：（1）行李在传送带上滑行的时间；（2）行李在这段时间内运动的距离。

7. 一沿 x 轴正方向的力 F 作用在质点上，已知质点的质量为 $3.0\,kg$，质点的运动学方程为 $x=3t-4t^2+t^3$（SI 单位）。求：（1）力在最初 $4.0\,s$ 内做的功；（2）在 $t=1\,s$ 时，力的瞬时功率。

8. 质量为 $m=10\,kg$ 的木箱放在水平地面上，在水平拉力 F 的作用下由静止开始沿直线运动。所受拉力 F 随时间 t 的变化关系如图 3-16 所示。已知木箱与地面间的摩擦因数为 $\mu=0.2$。求：（1）木箱在 $t=4\,s$ 时的速度大小；（2）木箱在 $t=7\,s$ 时的速度大小。

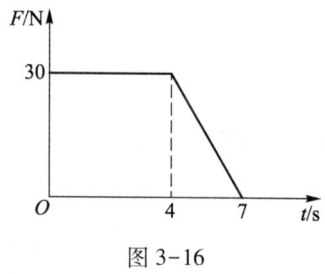

图 3-16

9. 如图 3-17 所示，一辆水平运动的装煤车，以速率 v_0 从煤斗下面通过，单位时间内有质量为 m_0 的煤卸入煤车。如果煤车的速率保持不变，煤车与钢轨间摩擦忽略不计，（1）试求牵引煤车的力的大小；（2）试求牵引煤车所需功率的大小；（3）牵引煤车所提供的能量中有多少转化为煤的动能？其余部分用于何处？

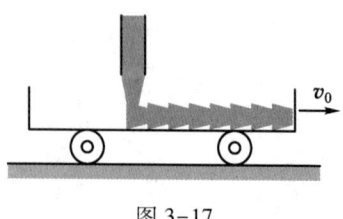

图 3-17

10. 小球 A 自地球的北极点以速度 v_0 在质量为 m_E、半径为 R 的地球表面水平切向向右飞出，如图 3-18 所示，地心参考系中轴 OO' 与 v_0 平行，小球 A 的运动轨迹与轴 OO' 相交于距 O 点 $3R$ 的 C 点。不考虑空气阻力，求小球 A 在 C 点的速度 v 与 v_0 之间的夹角（可用正弦值表示）。

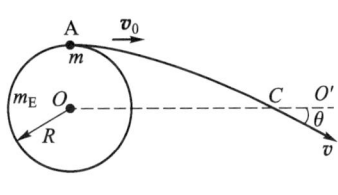

图 3-18

第三章习题
参考答案

第四章　刚体的转动

一、基本要求

（一）掌握
1. 刚体定轴转动的运动学特征；
2. 力矩、转动惯量、转动定律；
3. 角动量、角动量定理、角动量守恒定律；
4. 力矩做功、刚体定轴转动的动能定理。

（二）理解
刚体的平面平行运动。

（三）了解
刚体的进动。

二、思维导图

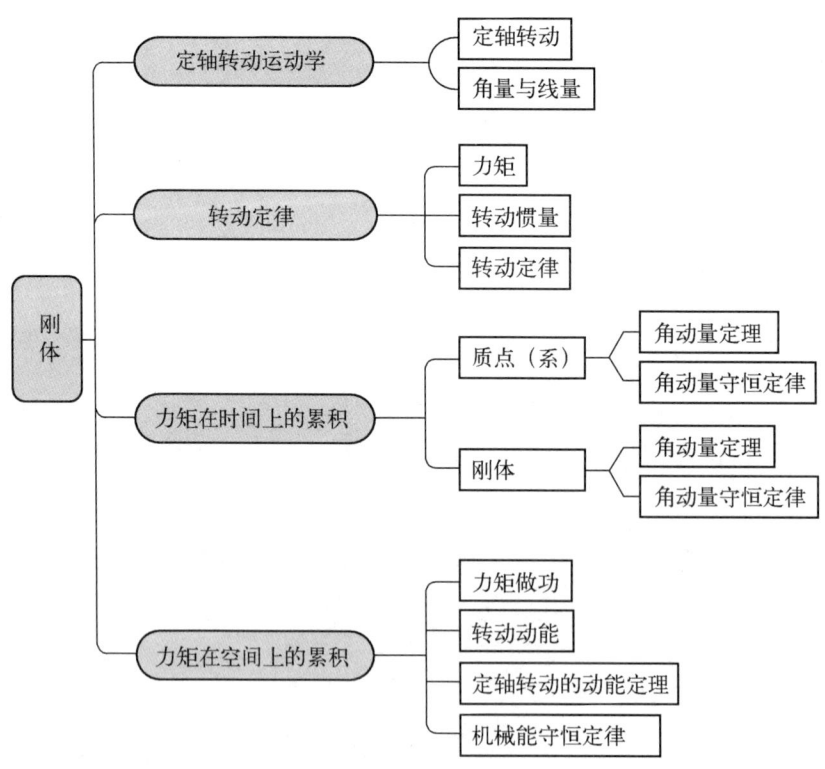

三、主要知识点

1. 刚体定轴转动运动学特征

（1）刚体运动的分类。

① 平动：刚体中所有点的运动轨迹都保持完全相同，或者刚体内任意两点间的连线方向始终保持不变的运动。

② 定轴转动：刚体中所有的点都绕某一固定直线做圆周运动，这条直线称为转轴。

（2）刚体定轴转动。

① 角速度：

$$\omega = \lim_{\Delta t \to 0} \frac{\Delta \theta}{\Delta t} = \frac{d\theta}{dt} \tag{4-1}$$

注意：角速度是矢量，在定轴转动中，角速度的方向与刚体旋转方向成右手螺旋关系：四指环绕方向为旋转方向，拇指指向即角速度方向。角速度方向以正、负表示，当角速度方向与规定的正方向一致时为正，反之为负。

② 角加速度：

$$\beta = \frac{d\omega}{dt} = \frac{d^2\theta}{dt^2} \tag{4-2}$$

说明：角加速度也是矢量，当角速度变大时，角加速度方向与角速度方向一致。反之，角速度变小时，角加速度与角速度方向相反。

③ 角量与线量之间的关系：

$$v = r\omega \tag{4-3}$$

$$a_t = r\beta \tag{4-4}$$

$$a_n = r\omega^2 \tag{4-5}$$

其中，r 表示质元到转轴的距离。

2. 力矩

力矩的定义：转轴到力的作用点的位矢 $\boldsymbol{r}$ 与力 $\boldsymbol{F}$ 的叉乘，即

$$\boldsymbol{M} = \boldsymbol{r} \times \boldsymbol{F} \tag{4-6}$$

力矩的大小为 $M = rF\sin\varphi$，其中，φ 为 $\boldsymbol{r}$ 与 $\boldsymbol{F}$ 的夹角。

力矩的方向：用右手螺旋定则判断。

注意：刚体内各质元之间的内力矩之和一定为零。

3. 转动惯量

（1）定义：刚体对其转轴的转动惯量，等于组成刚体各质元的质量与各质元到转轴的距离平方的乘积之和。

（2）转动惯量的计算。

① 质量离散分布的系统：

$$J = \sum_{i=1}^{n} \Delta m_i r_i^2 \tag{4-7}$$

② 质量连续分布的刚体：

$$J = \int_m r^2 dm \tag{4-8}$$

其中，

$$dm = \begin{cases} \lambda dl, & \lambda \rightarrow 线密度 \\ \sigma ds, & \sigma \rightarrow 面密度 \\ \rho dV, & \rho \rightarrow 体密度 \end{cases}$$

（3）转动惯量的物理意义：刚体转动惯性大小的量度，转动惯量越大，表明刚体转动状态越难改变。

4. 转动定律

作用在刚体上的合外力矩（即合力矩），等于刚体对该轴的转动惯量与转动角加速度的乘积，即

$$M = J\beta \tag{4-9}$$

说明：

（1）力矩是改变刚体转动状态的原因；

（2）刚体的内力矩之和为零，因此，内力矩不改变刚体的转动状态；

（3）力矩 M 和转动惯量 J 是相对于同一转轴的；

（4）刚体的转动定律与质点的牛顿第二定律地位相当。

5. 质点（系）的角动量定理和角动量守恒定律

（1）质点的角动量。

质量为 m 的质点，相对于某点 O 的角动量等于质点相对于该点的位矢 r 与其动量的叉乘，即

$$L = r \times p = r \times mv \tag{4-10}$$

角动量的方向由右手螺旋定则确定；角动量的单位为 $kg \cdot m^2/s$。

说明：

① 质点的角动量与参考点 O 的选择有关，同一质点，相对于不同参考点的角动量一般不同；

② 做圆周运动的质点，相对于圆心的角动量大小可表示为

$$L = mrv = mr^2\omega \tag{4-11}$$

（2）质点系的角动量。

质点系相对于同一参考点的角动量，等于各质点相对于该参考点角动量的矢量和，即

$$L = \sum_{i=1}^n L_i = \sum_{i=1}^n r_i \times p_i = \sum_{i=1}^n m_i r_i \times v_i \tag{4-12}$$

（3）质点的角动量定理。

质点对某参考点的角动量对时间的变化率，等于质点所受到的合力对该点的力矩，即

$$M = \frac{dL}{dt} \tag{4-13}$$

其积分形式：对于同一参考点 O，质点所受的冲量矩等于质点角动量的增量，即

$$\int_{t_1}^{t_2} M dt = L_2 - L_1 \tag{4-14}$$

说明：作用在质点（质点系）上的力矩对时间的累积，即 $\int_{t_1}^{t_2} M dt$ 称为冲量矩。

（4）质点的角动量守恒定律。

若质点所受外力对某参考点 O 的合力矩为零，则质点对该点的角动量保持不变。

注意：

（1）角动量守恒的条件是合力矩为零，而非合外力为零；

（2）质点所受合外力为零时，合力矩不一定为零；

（3）若质点所受合外力不为零，但所有力的作用线都过给定的参考点 O，即质点在有心力的作用下，则质点的角动量仍然守恒，但此时动量不守恒。

6. 刚体定轴转动角动量定理及角动量守恒定律

（1）刚体对某一固定转轴的角动量。

刚体对某一定轴的角动量，等于刚体对该轴的转动惯量与刚体转动角速度的乘积，即

$$L = J\omega \tag{4-15}$$

（2）刚体定轴转动的角动量定理。

刚体绕某定轴转动时，作用于刚体的合外力矩等于刚体绕此轴的角动量随时间的变化率。

$$M = \frac{dL}{dt} \tag{4-16}$$

其积分形式为：定轴转动的刚体，所受合外力矩的冲量矩，等于在这段时间内刚体角动量的增量。

$$\int_{t_1}^{t_2} M dt = \int_{\omega_1}^{\omega_2} d(J\omega) = L_2 - L_1 \tag{4-17}$$

（3）刚体角动量守恒定律。

当刚体所受外力对给定轴的总力矩为零，或者刚体不受外力矩的作用时，刚体对该轴的角动量将保持不变，即刚体在定轴转动过程中角动量守恒。

注意：刚体角动量守恒的条件是作用在刚体上的**合外力矩为零**，刚体所受合外力为零时，角动量不一定守恒。

7. 定轴转动的动能定理及机械能守恒定律

（1）力矩做功。

力矩做功：作用在刚体上的力对刚体做的功可以用力矩与刚体角位移的乘积的积分来表示，即

$$W = \int_{\theta_1}^{\theta_2} M d\theta \tag{4-18}$$

（2）转动动能。

刚体定轴转动时的动能，是组成刚体的各个质元的动能之和，可表示为

$$E_k = \frac{1}{2} J\omega^2 \tag{4-19}$$

（3）刚体定轴转动的动能定理。

合外力矩对绕定轴转动的刚体所做的功，等于刚体转动动能的增量。

$$W = \int_{\theta_1}^{\theta_2} M d\theta = \frac{1}{2} J\omega_2^2 - \frac{1}{2} J\omega_1^2 \tag{4-20}$$

（4）刚体的重力势能。

对于一个质量为 m 的刚体，其重力势能是组成刚体的各个质元的重力势能之和，与质量集中在质心时所具有的重力势能相同，即

$$E_p = \sum m_i g h_i = m g h_C \tag{4-21}$$

（5）机械能守恒定律。

在刚体定轴转动过程中，若只有保守力做功，其他内力和外力都不做功或所做的功的总和始终为零，则刚体的机械能守恒。

8. 典型模型的转动惯量

（1）长为 l、质量为 m 的均匀细杆，绕过端点且垂直于细杆的轴的转动惯量：

$$J = \frac{1}{3} m l^2$$

（2）长为 l、质量为 m 的均匀细杆，绕过质心且垂直于细杆轴的转动惯量：

$$J = \frac{1}{12} m l^2$$

（3）平行轴定理：一质量为 m 的刚体，有两个间距为 h 的平行轴，其中一个轴过刚体的质心，若刚体绕过质心轴的转动惯量为 J_C，则相对另一平行轴的转动惯量为

$$J = J_C + m h^2$$

（4）半径为 R、质量为 m 的均匀圆环，绕过圆心且垂直于圆环面的轴的转动惯量：

$$J = m R^2$$

（5）半径为 R、质量为 m 的均匀薄圆盘，绕过圆心且垂直于圆盘的轴的转动惯量：

$$J = \frac{1}{2} m R^2$$

四、典型例题解析

例题 1 在高速旋转的微型电动机里，有一圆柱形转子可绕垂直其横截面并通过中心的转轴旋转。开始启动时，转子的角速度为零。启动后其转速随时间变化关系为 $\omega = \omega_m (1 - e^{-t/\tau})$。式中 $\omega_m = 540 \, \text{r} \cdot \text{s}^{-1}$，$\tau = 2.0 \, \text{s}$。求：（1）$t = 6 \, \text{s}$ 时电动机的转速；（2）从启动到 $t = 6 \, \text{s}$ 时间内，电动机转过的圈数；（3）电动机转动的角加速度随时间变化的规律。

分析：本题主要考查刚体定轴转动状态量的计算，旨在使读者通过本题熟练掌握利用微积分求解物理学状态量的方法。本题可利用定轴转动运动学规律进行求解。

解：（1）由题知

$$\omega = \omega_m (1 - e^{-t/\tau})$$

$$\omega_m = 540 \, \text{r} \cdot \text{s}^{-1}, \quad \tau = 2.0 \, \text{s}$$

因此，当 $t = 6 \, \text{s}$ 时，$\omega = 1\,026\pi \, \text{rad/s}$。

（2）电机在 6 s 内转过的圈数为

$$N = \frac{1}{2\pi} \int_0^6 \omega_m (1 - e^{-t/\tau}) \, \mathrm{d}t = 2.21 \times 10^3 \, \text{r}$$

（3）根据角加速度的定义，可得电动机转动的角加速度为

$$\beta = \frac{\mathrm{d}\omega}{\mathrm{d}t} = \frac{\omega m}{\tau} \mathrm{e}^{-t/\tau} = 540\pi \mathrm{e}^{-t/2} \text{ rad} \cdot \text{s}^{-2}$$

说明：根据计算结果可知，转子在工作过程中，角加速度随时间呈现指数衰减的规律。初始时刻，电动机的角速度为 540π rad $\cdot$ s^{-2}，6 s 之后角加速度已经减小到初始值的 5%，这时电动机基本趋于稳定运行状态。

例题 2 如图 4-1 所示，一根细绳将弹簧与物体相连，物体质量为 m，放在光滑的斜面上，斜面与水平面的夹角为 α，弹簧的弹性系数为 k，轻质细绳绕过滑轮，一端系在弹簧上，另一端与物体相连。滑轮可看成质量为 m、半径为 R 的均匀薄圆盘。开始时，把物体托住，使弹簧维持原长，然后由静止释放物体。（1）释放瞬时，物体的加速度为多大？（2）求物体下滑过程中的最大速度。

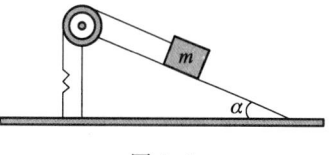

图 4-1

分析：本题中，滑轮非轻质滑轮，因此在物体运动过程中，需要考虑滑轮的转动，所以本题考查的是既有质点平动，又有刚体定轴转动的"联动"问题。对于质点的运动问题，可利用牛顿运动定律进行求解；对于刚体的转动问题，可利用转动定律进行求解。解此类问题的关键是找到质点平动与刚体转动之间的"桥梁"，即质点平动的加速度与刚体（滑轮）边缘上质点转动角加速度之间的关系 $a=R\beta$。另外，要想求物体下滑的最大速度，首先需要分析什么时候速度会达到最大值，显然，在物体加速度为零时，物体的速度将达到最大值。同时，由于斜面光滑，物体和滑轮运动过程中，只有弹簧弹性力和重力做功，因此，系统的机械能守恒。

解：（1）初始时刻，对物体、滑轮进行受力分析，根据转动定律和牛顿第二定律，列出运动学方程：

$$\begin{cases} mg\sin\alpha - F_{\mathrm{T}} = ma \\ F_{\mathrm{T}}R = J\beta = \dfrac{1}{2}mR^2\beta \\ a = R\beta \end{cases}$$

$$a = \frac{2g\sin\alpha}{3}$$

（2）当物体达到最大速度时，物体的加速度为零，此时

$$kx = mg\sin\alpha$$

由机械能守恒定律：

$$\frac{1}{2}kx^2 + \frac{1}{2}mv^2 + \frac{1}{2}J\omega^2 = mgx\sin\alpha$$

其中，$v=\omega R$，$J=\dfrac{1}{2}mR^2$。解得

$$v = \sqrt{\frac{2m}{3k}}g\sin\alpha$$

说明：第二问除了可以用机械能守恒定律求解以外，还可以用动能定理来求解。

例题 3 如图 4-2（a）所示，一细棒长为 L，总质量为 m，其质量线密度与到 O 点距

离成正比。将其放在粗糙水平桌面上，绕过端点 O 的竖直轴转动，棒与桌面摩擦因数为 μ，初角速度 ω_0。求：（1）棒对给定轴的转动惯量；（2）棒转动时受到的摩擦力矩；（3）棒从 ω_0 到停止所需时间。

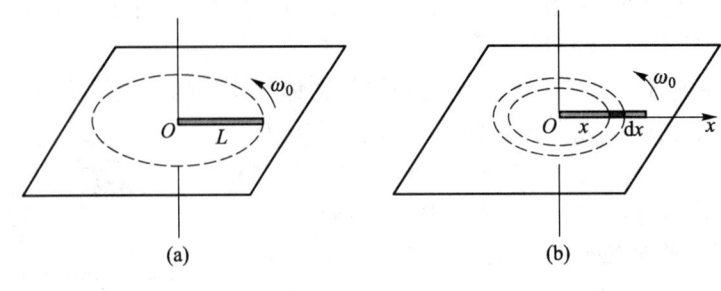

图 4-2

分析：本题考查的知识点包括质量连续分布的刚体转动惯量的计算；变力作用下力矩的计算；定轴转动的角动量定理。如图 4-2（b）所示，解题的基本思路是采用微元法求解质量连续分布的刚体的转动惯量以及摩擦力矩，在此基础上，利用角动量定理即可求出从刚开始转动到停止所需要的时间。

解：（1）沿细棒径向建立坐标系 Ox 轴，细棒的质量线密度为 $\lambda = kx$，由 $\int_0^L kx\,\mathrm{d}x = m$，可得 $k = \dfrac{2m}{L^2}$。在 x 处取一线元 $\mathrm{d}x$，其对转轴的转动惯量为

$$\mathrm{d}J = x^2 \mathrm{d}m = x^2 \lambda \mathrm{d}x = \frac{2m}{L^2} x^3 \mathrm{d}x$$

故整根细棒对转轴的转动惯量为

$$J = \int_0^L \frac{2m}{L^2} x^3 \mathrm{d}x = \frac{1}{2} mL^2$$

（2）质元 $\mathrm{d}x$ 对应的质量为

$$\mathrm{d}m = \lambda \mathrm{d}x = \frac{2m}{L^2} x \mathrm{d}x$$

其摩擦力对应的力矩为

$$\mathrm{d}M = x(\mu g \mathrm{d}m) = \mu g \frac{2m}{L^2} x^2 \mathrm{d}x$$

整根棒受到的总的摩擦力矩为

$$M = \int_0^L \mu g \frac{2m}{L^2} x^2 \mathrm{d}x = \frac{2}{3} \mu mgL$$

（3）根据角动量定理

$$M\Delta t = \Delta L = J(\omega - \omega_0)$$

解得

$$\Delta t = \frac{J\omega_0}{M} = \frac{3L\omega_0}{4\mu g}$$

例题 4 如图 4-3 所示，长为 L、质量为 m 的均匀细杆，一端用铰链固定在 O 点，初

始时，细杆处于竖直状态。一颗质量为 m 的子弹以速度 v_0 水平飞行，并射入杆内，射入点距离 O 点为 $a=\dfrac{2L}{3}$。之后，子弹嵌入杆内并随杆一起绕 O 点做圆周运动，上摆的最大角度为 60°。求：（1）子弹和杆组成的系统相对于 O 点的转动惯量；（2）子弹的初速度大小 v_0。

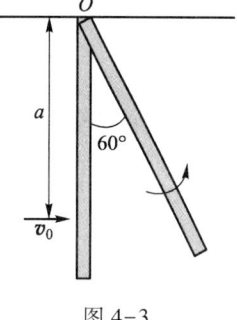

图 4-3

分析： 本题主要考查质点和刚体的碰撞问题以及转动过程的机械能守恒定律的应用。质点与刚体碰撞前后瞬间，由于重力和转轴的支持力的作用线都过转轴，因此，系统受到的合外力矩为零，系统角动量守恒。碰撞后，杆获得角速度，并和子弹一起向上摆动，在上摆过程中，只有重力做功，系统的机械能守恒。

解：（1）根据质点的转动惯量定义以及均匀细杆绕过端点轴的转动惯量公式，有

$$J=ma^2+\frac{1}{3}mL^2$$

由于 $a=\dfrac{2L}{3}$，所以 $J=\dfrac{7}{9}mL^2$。

（2）设子弹射入杆后，与杆的共同角速度为 ω。子弹射入杆的前后瞬间，系统角动量守恒，因此有

$$mv_0a=J\omega$$

子弹和杆一起上摆的过程中，只有重力做功，机械能守恒，因此有

$$\frac{1}{2}J\omega^2=\left(mg\frac{L}{2}+mga\right)(1-\cos 60°)$$

由上述几个式子可得

$$v_0=\frac{7}{12}\sqrt{6gL}$$

引申： 如果将细杆换成一细绳悬挂的小物块，则子弹与物块发生碰撞的过程中，应该满足什么守恒定律呢？

五、习题

（一）选择题

1. 关于力矩，以下几种说法正确的是（　　）。

（1）对某个定轴转动刚体而言，内力矩不会改变刚体的角加速度；

（2）一对作用力和反作用力对同一轴的力矩之和必为零；

（3）质量相等、形状和大小不同的两个刚体，在相同力矩的作用下，它们的运动状态一定相同。

A. 只有（2）是正确的　　　　B.（1）（2）是正确的

C.（2）（3）是正确的　　　　D.（1）（2）（3）都是正确的

2. 如图 4-4 所示，两个质量均为 m、半径均为 R 的均匀圆盘状滑轮的两端，用轻绳分别系着质量为 m 和 $2m$ 的小木块。若系统由静止释放，则两滑轮之间绳内的张力为（　　）。

A. $\dfrac{11}{8}mg$ B. $\dfrac{3}{2}mg$

C. mg D. $\dfrac{1}{2}mg$

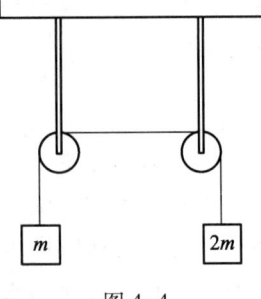

图 4-4

3. 将细绳绕在一个具有水平光滑轴的飞轮边缘上,在绳端挂一质量为 m 的重物,飞轮的角加速度为 β。如果以 $F=2mg$ 的拉力代替重物拉绳,则飞轮的角加速度将（　　）。

    A. 小于 β B. 大于 β,小于 2β

    C. 大于 2β D. 等于 2β

4. 假设人造地球卫星环绕地球中心做椭圆运动,则在运动过程中,卫星对地球中心的（　　）。

    A. 角动量守恒,动量也守恒   B. 角动量守恒,机械能守恒

    C. 角动量不守恒,机械能守恒   D. 角动量不守恒,动量也不守恒

5. 已知地球的质量为 m,太阳的质量为 m_s,地心与日心的距离为 R,引力常量为 G,则地球绕太阳做圆周运动的轨道角动量为（　　）。

A. $m\sqrt{Gm_sR}$ B. $\sqrt{\dfrac{Gm_sm}{R}}$

C. $mm_s\sqrt{\dfrac{G}{R}}$ D. $\sqrt{\dfrac{Gm_sm}{2R}}$

6. 一圆盘绕通过盘心且垂直于盘面的水平轴转动,轴承间摩擦不计。如图 4-5 所示,在圆盘转动过程中,分别从两侧射来两颗质量相同、速度大小相同并在一条直线上的子弹,它们同时射入圆盘并且留在盘内。圆盘和子弹系统相对于 O 点的角动量为 L,圆盘的角速度为 ω,子弹射入圆盘后的瞬间,下列判断正确的是（　　）。

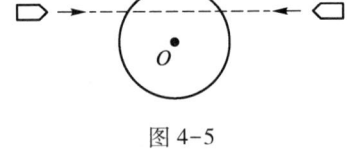

图 4-5

    A. L 变大,ω 增大   B. 两者均不变

    C. L 不变,ω 减小   D. L 变小,ω 减小

7. 一半径为 R 的水平圆转台可绕通过其中心的竖直轴转动,假设转轴固定且光滑,圆转台的转动惯量为 J。开始时转台以匀角速度 ω_0 转动,此时有一质量为 m 的人站在转台中心,随后人沿半径向外走去,当人到达转台边缘时,转台的角速度为（　　）。

A. ω_0 B. $\dfrac{J}{mR^2}\omega_0$

C. $\dfrac{J}{(J+m)R^2}\omega_0$ D. $\dfrac{J}{J+mR^2}\omega_0$

8. 一花样滑冰运动员,开始自转时,其转动动能为 $E_0=\dfrac{1}{2}J_0\omega_0^2$。然后她将手臂收回,转动惯量减少至原来的 $\dfrac{1}{3}$,此时她的角速度变为 ω,转动动能变为 E,则（　　）。

A. $\omega = 3\omega_0$，$E = E_0$ B. $\omega = \dfrac{\omega_0}{3}$，$E = 3E_0$

C. $\omega = \sqrt{3}\,\omega_0$，$E = E_0$ D. $\omega = 3\omega_0$，$E = 3E_0$

9. 均匀细棒 OA 可绕通过其一端 O 且与棒垂直的水平固定光滑轴转动，如图 4-6 所示。今使棒从水平位置由静止开始自由下落，在棒摆动到竖直位置的过程中，下列说法哪一种是正确的？（　　）。

  A. 角速度从小到大，角加速度从大到小

  B. 角速度从小到大，角加速度从小到大

  C. 角速度从大到小，角加速度从大到小

  D. 角速度从大到小，角加速度从小到大

10. 光滑的水平桌面上有长为 $2l$、质量为 m 的均匀细杆，可绕通过其中点 O 且垂直于桌面的竖直固定轴自由转动，转动惯量为 $\dfrac{1}{3}ml^2$，起初杆静止。有一质量为 m 的小球在桌面上正对着杆的一端，在垂直于杆长的方向上，以速率 v 运动，如图 4-7 所示。当小球与杆的端点发生碰撞后，小球就与杆粘在一起随杆转动。则这一系统碰撞后的转动角速度是（　　）。

  A. $\dfrac{1}{12}lv$ B. $\dfrac{2v}{3l}$

  C. $\dfrac{3v}{4l}$ D. $\dfrac{3v}{l}$

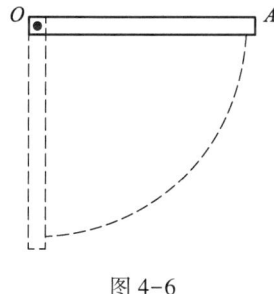   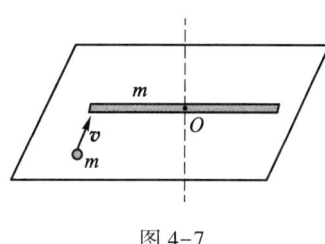

图 4-6   图 4-7

（二）填空题

1. 一个圆盘以恒定角加速度转动，某时刻的角速度为 $\omega_1 = 20\pi$ rad/s，转 60 圈后角速度为 $\omega_2 = 30\pi$ rad/s，则角加速度为 $\beta = ($ $)$，转过 60 圈所需的时间为 $\Delta t = ($ $)$。

2. 半径为 $r = 1.5$ m 的飞轮，初角速度为 $\omega_0 = 10$ rad/s，角加速度为 $\beta = -5$ rad/s^2，则角位移为零时 $t = ($ $)$ s，此时边缘上点的线速度为 $v = ($ $)$ m/s。

3. 如图 4-8 所示，长为 l 的细棒一端固定在 O 点，左半段质量为 m，右半段质量为 $2m$，在细棒中间位置嵌有一质量为 m 的小球，则该系统对棒的端点 O 的转动惯量 $J = ($ $)$。

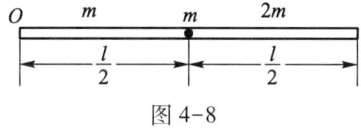

图 4-8

4. 一轻质细绳跨过半径为 R 的定滑轮，绳两端分别挂着质量为 m_1 和 m_2 的物体，且 $m_1>m_2$，若滑轮的角加速度为 β，则两侧绳中张力分别为 $F_{T1}=$（　　　），$F_{T2}=$（　　　）。

5. 一长为 l 的轻质直杆，两端分别固定质量为 $2m$ 和 m 的小球，杆可绕通过其中心 O 且与杆垂直的水平光滑固定轴在竖直平面内转动。开始时，杆处于静止状态且与水平方向夹角 $\theta=60°$，如图 4-9 所示。释放后，杆绕过 O 点的轴转动，当杆转到水平位置时，系统受到的合外力矩大小 $M=$（　　　），此时系统的角加速度大小 $\beta=$（　　　）。

6. 一长为 l、质量可以忽略的直杆，可绕通过其一端的水平光滑轴在竖直平面内做定轴转动，在杆的另一端固定着一质量为 m 的小球，如图 4-10 所示。现将杆由水平位置无初转速地释放，则杆刚被释放时的角加速度 $\beta_0=$（　　　），当杆与水平方向之间的夹角为 $60°$ 时的角加速度 $\beta=$（　　　）。

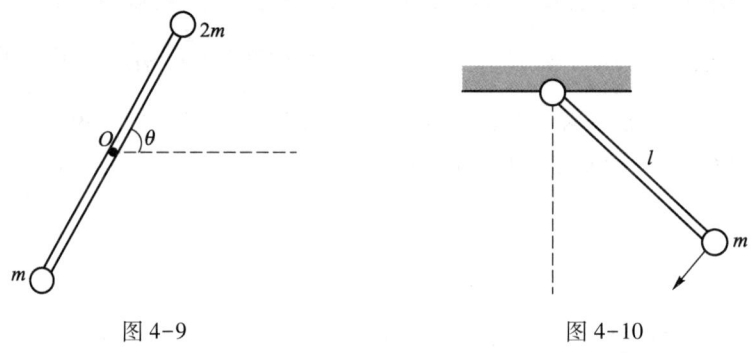

图 4-9　　　　　　　　图 4-10

7. 如图 4-11 所示，方向盘可视为由质量为 m_0 的圆环（环的厚度不计）和三根质量均为 m、长为 l 的均匀直杆构成，则它绕过 O 点且与盘面垂直的轴的转动惯量为（　　　）。

8. 如图 4-12 所示，一半径为 R、质量为 $2m$ 的均匀圆盘，正以角速度 ω_0 逆时针旋转。一质量为 m、速率为 v 的铁钉分别从圆盘正上方和正右方嵌入圆盘边缘，则嵌入后圆盘的角速度分别为：（1）正上方嵌入后 $\omega=$（　　　）；（2）正右方嵌入后 $\omega=$（　　　）。

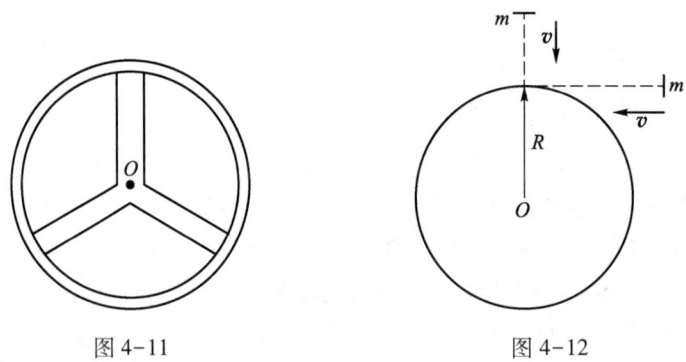

图 4-11　　　　　　　　图 4-12

9. 质量为 m 的质点以速度 v 沿一直线运动，则它对直线上任一点的角动量为（　　　）；对直线外垂直距离为 d 的一点的角动量的大小是（　　　）。

10. 一个质量为 m 的小虫，在有光滑竖直固定中心轴的水平圆盘边缘上，沿逆时针方向爬行，它相对于地面的速率为 v。此时圆盘正沿顺时针方向转动，相对于地面的角速率

为 ω_0，圆盘的半径为 R，对中心轴的转动惯量为 J。若小虫停止爬行，则圆盘的角速度变为（   ）。

（三）计算题

1. 一半径为 R、质量为 m 的均匀薄圆盘上，挖去一个直径为 R 的圆孔，孔的中心到圆盘圆心的距离为 $\dfrac{1}{2}R$。求所剩部分对通过原圆盘中心且与盘面垂直的轴的转动惯量。

2. 如图 4-13 所示，一轻绳绕在半径为 $r=20\,\mathrm{cm}$ 的飞轮边缘，在绳的另一端施以 $F=98\,\mathrm{N}$ 的拉力，飞轮的转动惯量为 $J=0.50\,\mathrm{kg\cdot m^2}$，飞轮与转轴间的摩擦不计，试求：（1）飞轮的角加速度；（2）当绳下降 $5.0\,\mathrm{m}$ 时飞轮所获得的动能；（3）如以质量为 $m=10\,\mathrm{kg}$ 的物体挂在绳的另一端取代拉力 $\boldsymbol{F}$，飞轮的角加速度。

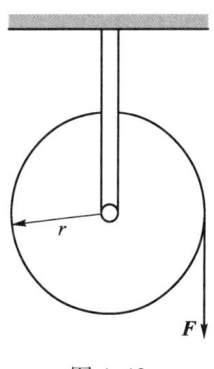

图 4-13

3. 如图 4-14 所示，一质量为 m 的小球由一绳索系着，以角速度 ω_0 在光滑的水平面上做半径为 r_0 的圆周运动。如果在绳的另一端作用一竖直向下的拉力 $\boldsymbol{F}$，使小球做圆周运动的半径减小为 $\dfrac{r_0}{2}$。求：（1）此时小球的角速度；（2）半径减小过程中拉力 $\boldsymbol{F}$ 所做的功。

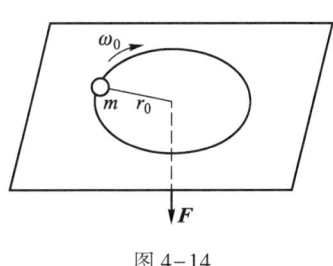

图 4-14

4. 一转动着的飞轮的转动惯量为 J，在 $t=0$ 时角速度为 ω_0。此后飞轮在阻力矩 M 的作用下经过制动过程，M 的大小与飞轮角速度 ω 的平方成正比，比例系数为 k（k 为大于 0 的常量）。试求：（1）$\omega = \dfrac{\omega_0}{3}$ 时，飞轮的角加速度 β；（2）从开始制动到 $\omega = \dfrac{\omega_0}{3}$ 所经过的时间 t。

5. 一质量均匀分布的圆盘，质量为 m'，半径为 R，放在一粗糙水平面上，圆盘可绕通过其中心 O 的竖直固定光滑轴转动。开始时，圆盘静止。一质量为 m 的子弹以水平速度 v_0 射入圆盘边缘并嵌在盘边上（与圆外切），如图 4-15 所示，设摩擦因数为 μ。（1）求子弹击中圆盘后圆盘所获得的角速度；（2）问经过多少时间后，圆盘停止转动？（圆盘绕通过 O 点的竖直轴的转动惯量为 $\dfrac{1}{2}m'R^2$，忽略子弹重力造成的摩擦阻力矩。）

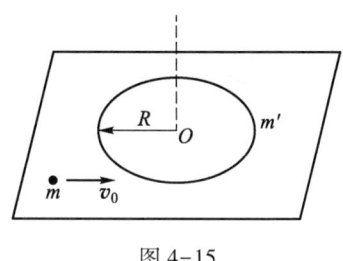

图 4-15

6. 如图 4-16 所示，两个均匀圆轮的半径分别为 R_1、R_2，质量分别为 m_1、m_2，可绕各自的中心轴旋转。两轮用皮带（质量不计）连接，如果在主动轮 A 上作用一个外力矩 M，则在被动轮 B 上产生摩擦力矩 M_f。设皮带与轮之间无相对滑动，求 A 轮的角加速度。

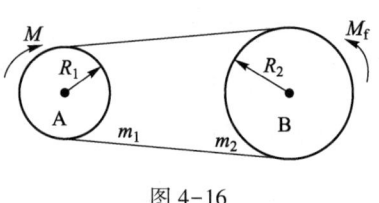

图 4-16

7. 水平面内有一根静止的长为 L、质量为 m 的细棒，可绕通过棒末端的固定点在水平面内转动。今有一质量为 $\dfrac{1}{2}m$、速率为 v 的子弹在水平面内沿棒的垂直方向射向棒的中点并穿出，子弹穿出时速率减为 $\frac{1}{2}v$。当棒转动后，棒上单位长度受到的阻力正比于该点的速率（其中比例系数为 k）。求：（1）子弹穿出时棒的角速度 ω_0；（2）棒以角速度 ω 转动时受到的阻力矩 M_f；（3）棒的角速度从 ω_0 变为 $\frac{1}{2}\omega_0$ 经历的时间。

8. 设人造地球卫星在地球引力作用下沿平面椭圆轨道运动，地球中心点可以看成固定点，且为椭圆轨道的一个焦点。卫星近地点离地面的距离为 439 km，远地点离地面的距离为 2 384 km。已知卫星在近地点的速度大小为 $v_1 = 8.12$ km/s，求卫星在远地点的速度大小。（设地球的平均半径为 $R = 6 370$ km。）

9. 如图 4-17 所示，长为 l 的轻杆，两端各固定一质量分别为 m 和 $2m$ 的小球，杆可绕过 O 点的水平光滑轴在竖直面内转动，转轴距两端分别为 $\frac{l}{3}$ 和 $\frac{2l}{3}$。初始时，杆静止在竖直位置，现有一质量为 m 的小球，以水平速度 $\boldsymbol{v}_0$ 与杆下端的小球做对心碰撞。碰撞后，小球以 $\frac{v_0}{3}$ 的速度继续向前运动。求碰撞后轻杆所获得的角速度 ω。

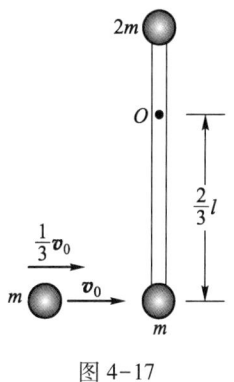

图 4-17

10. 如图 4-18 所示，一半径为 R 的光滑圆环置于竖直平面内，一质量为 m 的小球穿在圆环上，并可在圆环上滑动。小球开始时静止于圆环上的点 A（该点在通过环心 O 的水

53

平线上），然后从点 A 开始下滑，小球与圆环间的摩擦略去不计。求小球滑到点 B 时对环心 O 的角动量和角速度。

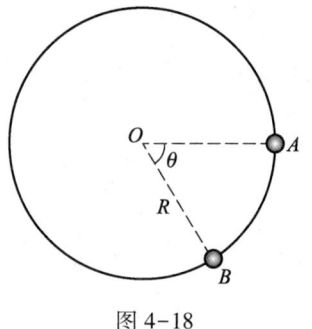

图 4-18

11. 一均匀细杆，长为 $L = 1\,\text{m}$，可绕通过一端的水平光滑轴 O 在竖直面内自由转动。开始时杆处于竖直位置。今有一子弹沿水平方向以 $v = 10\,\text{m/s}$ 的速度射入细杆，并嵌入杆内和细杆共同上摆。设入射点离 O 点的距离为 $\frac{3}{4}L$，子弹的质量为细杆质量的 $\frac{1}{9}$。试求：
（1）子弹和细杆开始共同运动的角速度；（2）子弹和细杆共同摆动能到达的最大角速度。

第四章习题
参考答案

第五章 静 电 场

一、基本要求

（一）掌握

1. 库仑定律；
2. 电场强度、电场强度叠加原理；
3. 电场线、电场强度通量、静电场的高斯定理；
4. 电场力做功、静电场的环路定理；
5. 电势能、电势、电势叠加原理；
6. 电场强度与电势梯度的关系。

（二）理解

1. 电荷守恒定律；
2. 电荷的量子化；
3. 电偶极子。

（三）了解

1. 密立根油滴实验；
2. 库仑扭秤实验。

二、思维导图

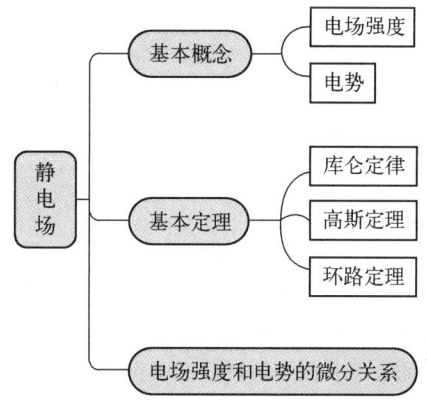

三、主要知识点

1. 电荷的量子化

任何带电体所带的电荷量，不论其来源如何，都不能取连续值，只能取元电荷 e（电子电荷量的绝对值）的整数倍。电荷量的这种只能取分立的，不能连续取值的性质，称为电荷的量子化。

由于元电荷的电荷量非常小，而在宏观现象中，带电粒子数目巨大，所以电荷的量子化效应不明显，我们所讨论的带电体都可以认为其电荷是连续分布的。

2. 电荷守恒定律

在一个孤立系统中，系统所具有的正、负电荷的代数和保持不变。

3. 库仑定律

在真空中，两个静止的点电荷之间的相互作用力，其大小与它们电荷量的乘积成正比，与它们之间距离的平方成反比，方向沿着两个点电荷的连线，同种电荷相斥、异种电荷相吸。

$$F = \frac{1}{4\pi\varepsilon_0}\frac{q_1 q_2}{r^2}e_r \tag{5-1}$$

4. 电场

（1）电场：电荷在周围空间中产生的特殊物质。

（2）电场力：电场对处在其中的其他带电体的作用力。

（3）电场强度（场强）：电场中某点的电场强度等于试探电荷所受电场力 F 与试探电荷量 q_0 的比值。

$$E = \frac{F}{q_0} \tag{5-2}$$

（4）点电荷产生的电场：

$$E = \frac{q}{4\pi\varepsilon_0 r^2}e_r \tag{5-3}$$

5. 电场强度叠加原理

（1）点电荷系所激发的电场中，某点的电场强度等于各个点电荷单独存在时在该点产生的电场强度矢量和：

$$E = \sum_{i=1}^{n} E_i \tag{5-4}$$

（2）电荷连续分布的带电体产生的电场强度（计算过程中要使用微元法）：

$$E = \int dE = \int_q \frac{dq}{4\pi\varepsilon_0 r^3}r \tag{5-5}$$

6. 电场线

（1）电场线规定。

① 电场线上每一点的切线方向都和该点电场强度方向一致；

② 某点的场强大小在数值上等于过该点并垂直于场强的面积元上的电场线密度。

（2）静电场电场线的性质。

① 电场线总是起于正电荷，止于负电荷（或从正电荷起伸向无限远处，或来自无限远处到负电荷止）；

② 电场线不闭合；

③ 任意两条电场线不能相交，这是某一点只有一个场强方向的要求。

7. 静电场的高斯定理

（1）电场强度通量（电通量）。

在电场中穿过任意曲面的电场线数称为通过该面的电场强度通量。

$$\Phi_e = \int d\Phi_e = \int_S E \cdot dS \tag{5-6}$$

（2）高斯定理。

在真空静电场中，通过任意闭合曲面的电通量等于该曲面所包围的电荷量的代数和除以 ε_0。

$$\Phi_e = \oint_S \boldsymbol{E} \cdot \mathrm{d}\boldsymbol{S} = \frac{1}{\varepsilon_0} \sum_{i=1}^{n} q_i \qquad (5\text{-}7)$$

说明：

① 闭合曲面 S 内外的电荷对曲面 S 上各点的电场强度都有贡献，曲面上的电场强度是合场强，但只有曲面内的电荷才对通过曲面 S 的电场强度通量有贡献；

② 高斯定理表明静电场是有源场，正电荷是静电场的源头，负电荷是静电场的汇尾；

③ 高斯定理是在库仑定律基础上得到的，但是前者的适用范围比后者更广泛；

④ 对于一些有对称性的电场，可以利用高斯定理求解电场强度，计算过程中要使用微元法和对称性分析。

8. 静电场的环路定理

（1）静电场力做功。

静电力做功与电荷运动路径无关，只与电荷的始末位置有关，静电场力为保守力。

（2）环路定理。

静电场中，电场强度沿任意闭合路径的线积分为零。

$$\oint_l \boldsymbol{E} \cdot \mathrm{d}\boldsymbol{l} = 0 \qquad (5\text{-}8)$$

说明：静电场是保守场，或称为无旋场（电场线不闭合）。

9. 电势能

试探电荷 q_0 在电场中某点的电势能等于把 q_0 从该点移到电势能零点时，静电场力所做的功。在一般情况下，电势能零点取在无限远处。

10. 电势

（1）电势：

电场中某点的电势等于把单位正电荷从该点移到电势零点时电场力做的功。

$$V_A = \int_A^{\,"0"} \boldsymbol{E} \cdot \mathrm{d}\boldsymbol{l} \qquad (5\text{-}9)$$

（2）点电荷附近 A 点的电势：

$$V_A = \frac{q}{4\pi\varepsilon_0 r_A} \qquad (5\text{-}10)$$

（3）电势差：电场中任意两点的电势之差。

$$U_{AB} = \int_A^B \boldsymbol{E} \cdot \mathrm{d}\boldsymbol{l} \qquad (5\text{-}11)$$

11. 电势的叠加原理

在点电荷系所激发的电场中，某点电势等于各个点电荷单独存在时在该点产生电势的代数和。

（1）点电荷系产生的电势：

$$V_A = \sum_{i=1}^{n} \frac{q_i}{4\pi\varepsilon_0 r_i} \qquad (5\text{-}12)$$

（2）电荷连续分布的带电体产生的电势：

$$V_A = \int \mathrm{d}V_A = \int_q \frac{\mathrm{d}q}{4\pi\varepsilon_0 r} \qquad (5-13)$$

12. 等势面：电场中电势相等的点组成的面。

等势面的性质：

① 在等势面上移动电荷时电场力不做功；

② 电场线与等势面正交，且指向电势降低的方向；

③ 规定相邻两个等势面之间的电势差为定值，则等势面越密集的地方，电场强度越大。

13. 电场强度与电势梯度

静电场中任一点的电场强度等于该点处电势梯度的负值。

$$\boldsymbol{E} = -\mathrm{grad}\ V = -\nabla V \qquad (5-14)$$

14. 电偶极子

两个靠得很近的等量异号点电荷组成的系统，称为电偶极子。

（1）电偶极矩：

$$\boldsymbol{p} = q\boldsymbol{r}_0 \quad (\boldsymbol{r}_0\ \text{的方向为由负电荷指向正电荷}) \qquad (5-15)$$

（2）静电场中电偶极子所受力矩：

$$\boldsymbol{M} = \boldsymbol{p} \times \boldsymbol{E} \qquad (5-16)$$

（3）电偶极子在电场中的电势能：

$$E_\mathrm{p} = -\boldsymbol{p} \cdot \boldsymbol{E} \qquad (5-17)$$

15. 典型带电体的场强和电势

（1）电荷线密度为 λ 的无限长均匀带电直线，在与直线距离为 a 处产生的电场强度：

$$E = \frac{\lambda}{2\pi\varepsilon_0 a}\ ，\text{方向垂直于带电直线} \qquad (5-18)$$

（2）均匀带电圆环（带电荷量为 q，半径为 R）中心轴线上，距圆心 x 处的电场强度：

$$E = \frac{qx}{4\pi\varepsilon_0 (x^2+R^2)^{\frac{3}{2}}}\ ，\text{方向沿轴线} \qquad (5-19)$$

（3）电荷面密度为 σ 的无限大均匀带电平面产生的电场强度：

$$E = \frac{\sigma}{2\varepsilon_0}\ ，\text{方向与带电平面垂直} \qquad (5-20)$$

（4）半径为 R、带电荷量为 q 的均匀带电球面的场强和电势分布：

场强分布：

$$E = \begin{cases} 0 & (r<R) \\ \dfrac{q}{4\pi\varepsilon_0 r^2} & (r>R) \end{cases} \qquad (5-21)$$

电势分布：

$$V = \begin{cases} \dfrac{q}{4\pi\varepsilon_0 R} & (r\leqslant R) \\ \dfrac{q}{4\pi\varepsilon_0 r} & (r>R) \end{cases} \qquad (5-22)$$

四、典型例题解析

例题 1 已知半径为 R 的半圆环上分布的电荷线密度为 $\rho_l = \rho_0 \sin \theta$，$0 \leqslant \theta \leqslant \pi$，如图 5-1 所示，求：（1）圆心处的电场强度的大小和方向；（2）圆心处的电势。

分析： 电场强度可采用电场强度叠加原理。在带电线上选取线元 $\mathrm{d}l$，该带电线元可视为点电荷，求出该电荷元的电场强度。分析其方向，不同位置处的线元在圆心处的场强方向不一样，需沿 x 轴和 y 轴方向分解。由于电荷线密度为 $\rho_l = \rho_0 \sin \theta$，电荷分布关于 y 轴对称，场强沿 x 轴方向的分量会相互抵消，因此，电场强度沿 y 轴方向分量的积分，即带电半圆在 O 点的总电场强度。

电势可以利用电势叠加原理求得。电荷元的选取方式同上，写出该点电荷的电势，由于电势是标量，直接积分即可。

解：（1）利用电场强度叠加原理，取线元 $\mathrm{d}l$，如图 5-1 所示，该线元产生的电场强度 $\mathrm{d}\boldsymbol{E}$ 大小为

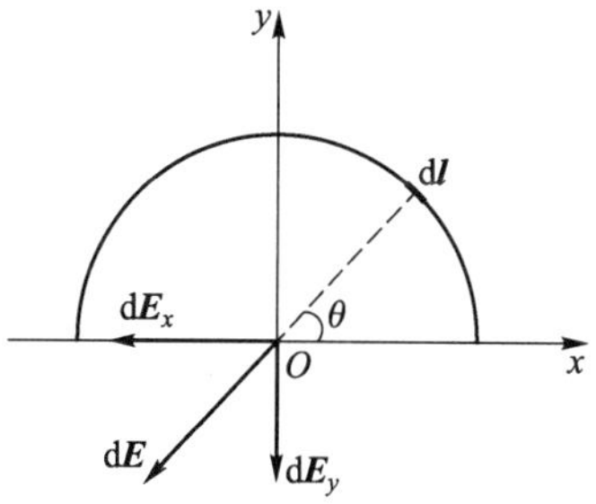

$$\mathrm{d}E = \frac{\rho_l \mathrm{d}l}{4\pi\varepsilon_0 R^2} = \frac{\rho_0}{4\pi\varepsilon_0 R}\sin\theta\mathrm{d}\theta$$

根据对称性，

$$E_x = \int \mathrm{d}E_x = 0$$

$$\mathrm{d}E_y = \frac{\rho_l \mathrm{d}l}{4\pi\varepsilon_0 R^2}\sin\theta = \frac{\rho_0}{4\pi\varepsilon_0 R}\sin^2\theta\mathrm{d}\theta$$

$$E = \int_0^\pi \frac{\rho_0}{4\pi\varepsilon_0 R}\sin^2\theta\mathrm{d}\theta = \frac{\rho_0}{8\varepsilon_0 R}$$

电场强度方向：沿 y 轴负方向。

图 5-1

（2）仍然取线元 $\mathrm{d}l$，根据电势叠加原理，

$$V = \int_0^\pi \frac{\mathrm{d}q}{4\pi\varepsilon_0 R} = \int_0^\pi \frac{\rho_0}{4\pi\varepsilon_0 R}\sin\theta\mathrm{d}l = \int_0^\pi \frac{\rho_0}{4\pi\varepsilon_0}\sin\theta\mathrm{d}\theta = \frac{\rho_0}{2\pi\varepsilon_0}$$

说明： 在求解电场强度的过程中，需要充分应用对称性分析，可以减小计算量。

例题 2 一半径为 R 的均匀带电半球面，电荷面密度为 σ，如图 5-2 所示。求球心处电场强度大小。

分析： 利用场强叠加原理，通过积分来计算。在半球面上取宽度（球面弧长）为 $\mathrm{d}l$ 的细圆环，利用带电圆环中心轴线上电场强度公式，得到所截取的细圆环产生的电场强度 $\mathrm{d}E$，由于场强方向都是 x 轴正方向，因此可以直接积分。

解： 如图 5-2 所示，在半球面上取宽度（球面弧长）为 $\mathrm{d}l$ 的细圆环，圆环半径设为 r，圆环张角的一半为 θ。

由带电圆环轴线上电场强度公式可知，该圆环在 x 轴上的电场强度大小 $\mathrm{d}E$ 为

$$\mathrm{d}E = \frac{1}{4\pi\varepsilon_0}\frac{x\mathrm{d}q}{(x^2+r^2)^{3/2}}$$

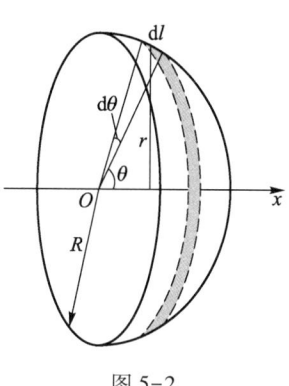

图 5-2

其中，$dq = \sigma \cdot 2\pi r \cdot dl = \sigma \cdot 2\pi r \cdot Rd\theta$，$x = R\cos\theta$，$r = R\sin\theta$，因此，

$$dE = \frac{1}{4\pi\varepsilon_0} \frac{R\cos\theta \cdot \sigma \cdot 2\pi R\sin\theta Rd\theta}{R^3}$$

总电场强度大小为

$$E = \int_0^{\pi/2} \frac{\sigma}{2\varepsilon_0}\cos\theta\sin\theta d\theta = \frac{\sigma}{4\varepsilon_0}$$

思考：在计算细圆环带电荷量时用 $dq = \sigma \cdot 2\pi r \cdot dx$ 来计算是否正确？如果错误，错在什么地方？

例题 3 一半径为 R 的带电球体，其电荷体密度为 $\rho = \rho_0\left(1 - \dfrac{r}{R}\right)$，$\rho_0$ 为一正的常量，r 为空间某点至球心的距离。（1）试求球内外的电场强度分布；（2）问 r 为多大时场强最大，该点场强 $E_{\max} = ?$

分析：带电球体的电荷体密度与半径 r 呈线性关系，因此可以将其视为多层同心带电球面的叠加。单层球面是均匀带电的，产生的电场具有球对称性，因此，多层球面的电场叠加仍然具有球对称性。具有对称性的电场可以采用静电场的高斯定理求解电场强度，高斯面取同心球面。求解过程要考虑两个区域，一个是球体内部，另一个是球体外部。

此外，该题的一个难点是求解高斯面内的电荷量。由于电荷分布不均匀，同样需要运用微积分方法。如前所述，单层球面是均匀带电的，可以将高斯面内的带电球体分成多层球壳，取半径为 r'、厚度为 dr' 的单层球壳，其电荷量可以用 $dq = \rho \cdot 4\pi r'^2 dr'$ 表示，通过积分得到总电荷量。

解：（1）取半径为 r 的同心球面为高斯面，由对称性，有

$$\oint_S \boldsymbol{E} \cdot d\boldsymbol{S} = 4\pi r^2 E$$

由高斯定理，有

$$\oint_S \boldsymbol{E} \cdot d\boldsymbol{S} = \frac{\sum_i q_i}{\varepsilon_0}$$

当 $r < R$ 时，如图 5-3（a）所示，在带电球体内取半径为 r'、厚度为 dr' 的球壳，通过积分获得高斯面包围的总电荷量为

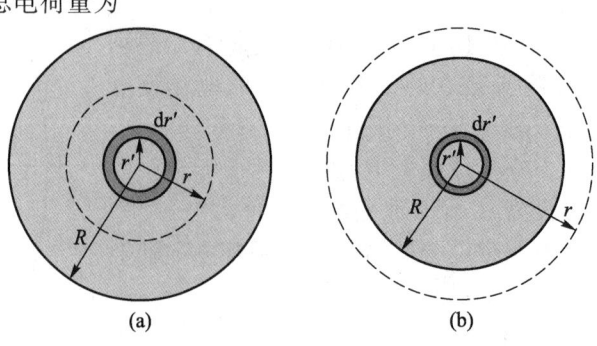

(a)　　　　　　　(b)

图 5-3

$$\sum_i q_i = \int_0^r \rho_0 \left(1 - \frac{r'}{R}\right) 4\pi r'^2 \mathrm{d}r'$$

$$= \rho_0 \pi r^3 \left(\frac{4}{3} - \frac{r}{R}\right)$$

因此，

$$4\pi r^2 E = \rho_0 \pi r^3 \left(\frac{4}{3} - \frac{r}{R}\right)$$

$$E = \frac{\rho_0 r}{3\varepsilon_0}\left(1 - \frac{3r}{4R}\right)$$

当 $r>R$ 时，如图 5-3（b）所示，高斯面包围的电荷量求法同上，

$$\sum_i q_i = \int_0^R \rho_0 \left(1 - \frac{r'}{R}\right) 4\pi r'^2 \mathrm{d}r' = \frac{1}{3}\rho_0 \pi R^3$$

因此，

$$4\pi r^2 E = \frac{1}{3}\rho_0 \pi R^3$$

$$E = \frac{\rho_0 R^3}{12\varepsilon_0 r^2}$$

（2）当 $r>R$ 时，电场强度随距离增大而衰减，最大场强为

$$E = \frac{\rho_0 R}{12\varepsilon_0}$$

当 $r<R$ 时，电场强度出现极值的条件为

$$\frac{\mathrm{d}}{\mathrm{d}r}E = \frac{\rho_0}{3\varepsilon_0}\left(1 - \frac{3r}{2R}\right) = 0$$

解得

$$r = \frac{2}{3}R$$

该点场强为

$$E = \frac{\rho_0 R}{9\varepsilon_0}$$

二者比较可知

$$E_{\max} = \frac{\rho_0 R}{9\varepsilon_0}$$

例题 4　内、外半径分别为 R_1 和 $R_2(R_2 > R_1)$ 的无限长同轴直圆柱筒，两筒面上都均匀带电，沿轴线单位长度的电荷量分别为 λ 和 $-\lambda$（内筒带正电荷）。求：（1）空间各区域的电场强度分布；（2）空间各区域的电势分布（以轴线为电势零点）。

解析：无限长均匀带电直圆柱筒产生的电场具有柱对称性，可以用静电场的高斯定理求电场强度，取同轴圆柱面作为高斯面。求电势分布时采用电势的定义 $V_A = \int_A^{"0"} \boldsymbol{E} \cdot \mathrm{d}\boldsymbol{l}$，由于零势点在轴线处，因此，要特别注意积分上下限的选取。

解：（1）取半径为 r、高为 h 的同轴圆柱面为高斯面，上底面为 S_1，下底面为 S_2，侧面为 S_3。由对称性可知，上下底面的电通量均为 0，整个高斯面的电通量为

$$\oint_S \boldsymbol{E} \cdot \mathrm{d}\boldsymbol{S} = \int_{S_1} \boldsymbol{E} \cdot \mathrm{d}\boldsymbol{S} + \int_{S_2} \boldsymbol{E} \cdot \mathrm{d}\boldsymbol{S} + \int_{S_3} \boldsymbol{E} \cdot \mathrm{d}\boldsymbol{S} = ES_3$$

由高斯定理，有

$$\oint_S \boldsymbol{E} \cdot \mathrm{d}\boldsymbol{S} = \frac{\sum_i q_i}{\varepsilon_0}$$

当 $r < R_1$ 时，由于高斯面内没有净电荷，$E_1 \cdot 2\pi rh = 0$，所以

$$E_1 = 0$$

当 $R_1 < r < R_2$ 时，$E_2 \cdot 2\pi rh = \dfrac{1}{\varepsilon_0}\lambda h$，所以

$$E_2 = \frac{\lambda}{2\pi\varepsilon_0 r}$$

当 $r > R_2$ 时，$E_3 \cdot 2\pi rh = 0$，所以

$$E_3 = 0$$

（2）$r < R_1$ 时，

$$V_1 = \int_r^0 \boldsymbol{E} \cdot \mathrm{d}\boldsymbol{l} = 0$$

当 $R_1 < r < R_2$ 时，

$$V_2 = \int_r^0 \boldsymbol{E} \cdot \mathrm{d}\boldsymbol{l} = \int_r^{R_1} \frac{\lambda}{2\pi\varepsilon_0 r}\mathrm{d}r = \frac{\lambda}{2\pi\varepsilon_0}\ln\frac{R_1}{r}$$

当 $r > R_2$ 时，

$$V_3 = \int_r^0 \boldsymbol{E} \cdot \mathrm{d}\boldsymbol{l} = \int_{R_2}^{R_1} \frac{\lambda}{2\pi\varepsilon_0 r}\mathrm{d}r = \frac{\lambda}{2\pi\varepsilon_0}\ln\frac{R_1}{R_2}$$

例题 5 在 xOy 平面上倒扣着半径为 R、均匀带电的半球面，电荷面密度为 σ。如图 5-4 所示，A 点的坐标为 $\left(0, \dfrac{R}{2}\right)$，$B$ 点的坐标为 $\left(\dfrac{3R}{2}, 0\right)$。求 A、B 两点的电势差 U_{AB}。

解析： 利用补偿法将半球面补成完整球面，分别求完整带电球面在 A、B 点的电势 V_A'、V_B'，可得两点的电势差为 U_{AB}'，那么带电半球面的电势差为 $U_{AB} = \dfrac{1}{2}U_{AB}'$。

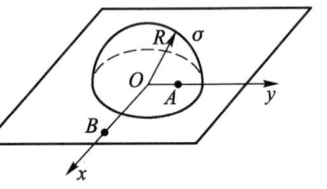

图 5-4

解： 将半球面补成完整球面，完整的均匀带电球面内部为等势体，因此

$$V_A' = \frac{Q}{4\pi\varepsilon_0 R} = \frac{\sigma R}{\varepsilon_0}$$

球面外部电势分布与点电荷相同，因此

$$V_B' = \frac{Q}{4\pi\varepsilon_0 r} = \frac{\sigma R^2}{\varepsilon_0 r} = \frac{\sigma R^2}{\varepsilon_0 (3R/2)} = \frac{2\sigma R}{3\varepsilon_0}$$

故

$$U_{AB} = \frac{1}{2}U'_{AB} = \frac{1}{2}(V'_A - V'_B)$$

$$= \frac{1}{2}\left(\frac{\sigma R}{\varepsilon_0} - \frac{2\sigma R}{3\varepsilon_0}\right) = \frac{\sigma R}{6\varepsilon_0}$$

五、习题

（一）选择题

1. 已知点电荷 P 的电荷量为 q，关于其电场强度的计算公式为 $\boldsymbol{E} = \frac{q\boldsymbol{r}}{4\pi\varepsilon_0 r^3}$，以下说法正确的是（ ）。

    A. $r \to 0$ 时，$E \to \infty$

    B. $r \to 0$ 时，P 不能作为点电荷，公式不适用

    C. $r \to 0$ 时，P 仍可视为点电荷，但公式无意义

    D. $r \to 0$ 时，P 已成为球形带电体，应用球对称电荷分布来计算电场强度

2. 有两个电荷量均为 $+Q$、相距 $2a$ 的点电荷，在这两个点电荷连线的垂直平分线上，具有最大场强的点的位置是（ ）。

    A. $r = \sqrt{2}a$ B. $r = \frac{\sqrt{2}}{2}a$ C. $r = \frac{\sqrt{2}}{4}a$ D. $r = 2\sqrt{2}a$

3. 如图 5-5 所示，两条无限长均匀带电的平行直导线相距 r，电荷线密度分别为 λ 和 $-\lambda$。两导线构成的平面内任意一点 P 处的电场强度为（ ）。

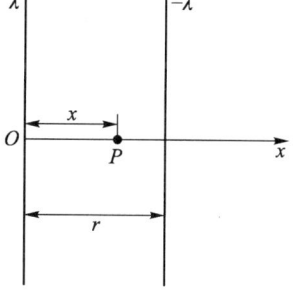

    A. $\frac{\lambda}{2\pi\varepsilon_0 r}\boldsymbol{i}$

    B. $\frac{\lambda}{2\pi\varepsilon_0}\left(\frac{1}{x} - \frac{1}{r-x}\right)\boldsymbol{i}$

    C. $\frac{\lambda}{2\pi\varepsilon_0}\left(\frac{1}{x} + \frac{1}{r-x}\right)\boldsymbol{i}$

    D. $\frac{\lambda}{\pi\varepsilon_0 x}\boldsymbol{i}$

图 5-5

4. 真空中有两个无限大平行平面，若二者的电荷面密度均为 $+\sigma$，则两平面之间的电场强度大小为 E_1；若两平面电荷面密度分别为 $+\sigma$ 和 $-\sigma$，则两平面之间的电场强度大小为 E_2，故有（ ）。

    A. $E_1 = 0$，$E_2 = \frac{\sigma}{\varepsilon_0}$ B. $E_1 = \frac{\sigma}{\varepsilon_0}$，$E_2 = 0$

    C. $E_1 = \frac{\sigma}{2\varepsilon_0}$，$E_2 = \frac{\sigma}{\varepsilon_0}$ D. $E_1 = \frac{\sigma}{\varepsilon_0}$，$E_2 = \frac{\sigma}{2\varepsilon_0}$

5. 如图 5-6 所示，P 点为闭合曲面 S 上一点，曲面 S 内有一所带电荷量为 q 的点电荷，在 S 面外 A 点有一个所带电荷量为 q' 的点电荷。若将 q' 从 A 点移至 B 点，则下列说法正确的是（ ）。

    A. 穿过 S 面的电通量改变，P 点的电场强度不变

B. 穿过 S 面的电通量不变，P 点的电场强度改变

C. 穿过 S 面的电通量和 P 点的电场强度都不变

D. 穿过 S 面的电通量和 P 点的电场强度都改变

6. 一具有球对称性静电场的 $E-r$ 关系曲线如图 5-7 所示，E 表示场点电场强度的大小，r 表示场点到对称中心的距离，则产生该电场的带电体为（　　　）。

A. 点电荷

B. 半径为 R 的均匀带电球体

C. 半径为 R 的均匀带电球面

D. 内、外半径分别为 r 和 R，均匀带电的同心球壳

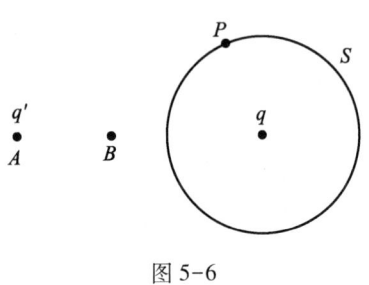

图 5-6　　　　　　　　　　　图 5-7

7. 无限长均匀带电圆柱面，半径为 R，电荷线密度为 λ（$\lambda>0$），圆柱面内外场强大小分别为（　　　）。

A. 圆柱面内为 0，圆柱面外为 $\dfrac{\lambda}{2\pi\varepsilon_0 r}$

B. 圆柱面内外均为 $\dfrac{\lambda}{2\pi\varepsilon_0 r}$

C. 圆柱面内外均为 $\dfrac{\lambda}{2\pi\varepsilon_0 R}$

D. 圆柱面内为 $\dfrac{\lambda}{2\pi\varepsilon_0 R}$，圆柱面外为 $\dfrac{\lambda}{2\pi\varepsilon_0 r}$

8. 如图 5-8 所示，边长为 a 的等边三角形的三个顶点上，放置着电荷量分别为 q、$2q$、$3q$ 的三个正点电荷。若将另一电荷量为 Q 的正点电荷从无限远处移到三角形的中心 O 处，则外力所做的功为（　　　）。

A. $\dfrac{\sqrt{3}qQ}{2\pi\varepsilon_0 a}$

B. $\dfrac{\sqrt{3}qQ}{\pi\varepsilon_0 a}$

C. $\dfrac{3\sqrt{3}qQ}{2\pi\varepsilon_0 q}$

D. $\dfrac{2\sqrt{3}qQ}{\pi\varepsilon_0 a}$

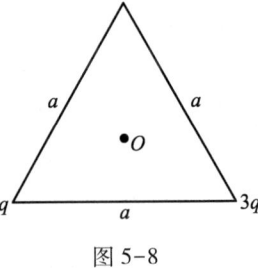

图 5-8

9. 两个均匀带电的同心球面，半径分别为 R_a 和 R_b（$R_a < R_b$），所带电荷量分别为 q_a 和 q_b。取无限远处为零电势点，则球心处的电势为（　　　）。

A. $\dfrac{1}{4\pi\varepsilon_0}\cdot\dfrac{q_a+q_b}{R_a}$

B. 0

64

C. $\dfrac{1}{4\pi\varepsilon_0}\cdot\dfrac{q_a+q_b}{R_b}$ D. $\dfrac{1}{4\pi\varepsilon_0}\cdot\left(\dfrac{q_a}{R_a}+\dfrac{q_b}{R_b}\right)$

10. 关于静电场中的场强和电势的说法正确的是（　　）。

A. 场强大的点，电势一定高；电势高的点，场强也一定大

B. 场强为零的点，电势一定为零；电势为零的点，场强也一定为零

C. 场强大的点，电势一定高；场强小的点，电势一定低

D. 场强为零的点，电势不一定为零；电势为零的点，场强也不一定为零

（二）填空题

1. 两个点电荷的电荷量分别为 $Q_1=250\ \mu C$，$Q_2=-300\ \mu C$，它们分别位于直角坐标系中 $(5\ m,0,0)$ 与 $(0,0,-5\ m)$ 处，则 Q_2 所受静电力的大小为_____N。

2. 一半径为 a、电荷线密度为 λ 的均匀带正电荷的细圆环，在环心处的电场强度的大小 $E=$_____。若将圆环切掉长为 Δl 的一小段，且 $a\gg\Delta l$，则环心处电场强度的大小 $E=$_____。

3. 在计算半径为 R、所带电荷量为 Q 的均匀带电圆盘中心轴线上 P 点的电场强度时，可将圆盘分割成无数个同心的细圆环。若取半径为 r、宽度为 dr 的细圆环作为电荷元，则此面积元的面积 $dS=$_____，所带电荷量为 $dq=$_____，该细圆环在中心轴线上距圆心 x 处产生的电场强度大小为 $dE=$_____。

4. 电荷量分别为 q_1、q_2、q_3 和 q_4 的点电荷在真空中的分布如图 5-9 所示。图中 S 为闭合曲面，则通过该闭合曲面的电通量为 $\displaystyle\int_S \boldsymbol{E}\cdot d\boldsymbol{S}=$_____。

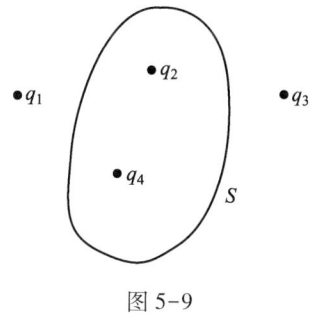

图 5-9

5. 有一半径为 R、所带电荷量为 Q 的均匀带电球体，设空间中某点到球心的距离为 r。当 $r>R$ 时，该点处电场强度大小为_____；当 $r<R$ 时，该点处电场强度大小为_____。

6. 有两个半径分别为 R_1 和 R_2 的均匀带电的同心球面，已知 $R_2=2R_1$，且内球面所带电荷量 $q_1>0$，则当外球面所带电荷量 $q_2=$_____时，内球面的电势为零。

7. 如图 5-10 所示，有一半径为 R 的均匀带电细圆环（圆心是 O），其中心轴线上有两点 A 和 B，且 $OA=AB=R$。若取无限远处为电势零点，设 A、B 两点的电势分别为 V_1 和 V_2，则 $\dfrac{V_1}{V_2}$

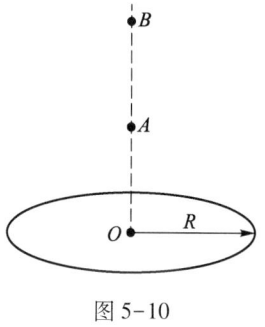

图 5-10

为_____。

8. 有一个半径为 a 的均匀带电细圆环，将电荷量为 q 的点电荷从无限远处移到圆环中心的过程中，所需做的功为 A，细圆环上的电荷量为_____。

9. 有两个同心的带电球面，半径分别为 $R_1 = 10$ cm、$R_2 = 40$ cm，电势分别为 $V_1 = 40$ V、$V_2 = -20$ V。在 R_1 和 R_2 之间电势为零的位置为 $R = $_____cm。

10. 已知一均匀电场的电场强度表达式为 $\boldsymbol{E} = (400\boldsymbol{i} + 600\boldsymbol{j})$ V/m，则点 $a(3,2)$ 和点 $b(1,0)$ 间的电势差为 $U_{ab} = $_____V。

（三）计算题

1. 实验证明：当两个带电粒子之间的距离小到 10^{-15} m 时，库仑定律仍然成立。已知铁原子核里有两个相距 4.0×10^{-15} m 的质子，计算每个质子所受的库仑力与万有引力的比值大小。（质子电荷量为 1.60×10^{-19} C，质子质量为 1.67×10^{-27} kg，$\varepsilon_0 = 8.85 \times 10^{-12}$ C$^2 \cdot$ N$^{-1} \cdot$ m^{-2}，$G = 6.67 \times 10^{-11}$ m$^3 \cdot$ kg$^{-1} \cdot$ s^{-2}。）

2. 两根长为 6.0×10^{-2} m 的丝线悬挂于一点，每根丝线的下端都系着一个质量为 0.5×10^{-3} kg 的小球。当这两个小球都带有等量的正电荷时，每根丝线都平衡在与竖直线成 $60°$ 角的位置上。求小球的电荷量。

3. 如图 5-11 所示，长为 L 的均匀带电直线沿 x 轴放置，电荷线密度为 λ。求其中垂线上与带电直线相距 R 处的场强。

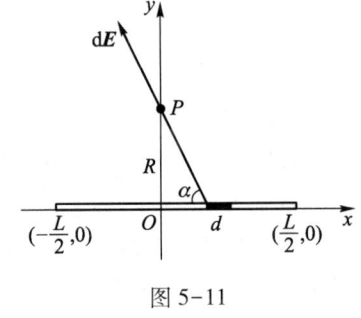

图 5-11

4. 一电荷量为 q 的点电荷位于一边长为 a 的立方体中心。试求：（1）在该点电荷电场中穿过立方体的任一个面的电通量；（2）若将该场源点电荷移动到该立方体的一个顶点上，此时，穿过立方体各面的电通量。

5. 如图 5-12 所示，边长为 $d=0.4$ m、$d'=0.6$ m 的长方形闭合面处在一不均匀电场中，电场强度为 $\boldsymbol{E}=(3+2x^2)\boldsymbol{i}$（V/m），求该长方形闭合面内包围的净电荷量。

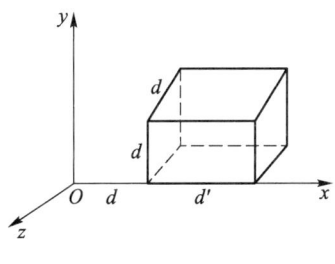

图 5-12

6. 如图 5-13 所示，在 A、B 两点放置电荷量分别是 $+q$ 和 $-q$ 的点电荷，AB 间距离为 $2R$。现将一电荷量为 q_0 的正试验点电荷从 O 点经过半圆弧移到 C 点，求移动过程中电场力做的功。

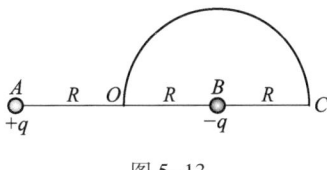

图 5-13

7. 如图 5-14 所示，在半径为 R_1、电荷体密度为 ρ 的均匀带电球体内部，有一个半径为 R_2 的球形空腔，空腔中心 O_2 与球心 O_1 之间的距离为 a。求空腔内任一点处的电场强度。

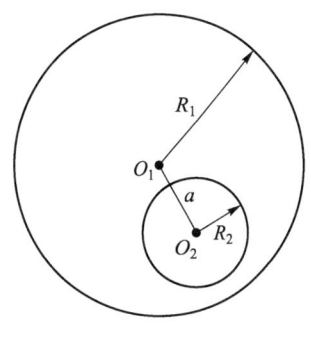

图 5-14

8. 真空中有一个内、外半径分别为 R_1 和 R_2 的均匀带电球壳，其电荷体密度为 ρ，球壳内一点 P 到球心距离为 r，取无限远处为电势零点。求：（1）球壳内、外的电场强度分布；（2）当 $R_1<r<R_2$ 时，P 点的电势。

9. 如图 5-15 所示，半径分别为 R_1、R_2($R_1<R_2$) 的无限长均匀带电的同轴圆柱面，单位长度上的电荷量分别为 $+\lambda$ 和 $-\lambda$。已知 $R_1 = 0.02\ \text{m}$，$R_2 = 0.2\ \text{m}$，二者之间的电势差为 $500\ \text{V}$，求 λ。

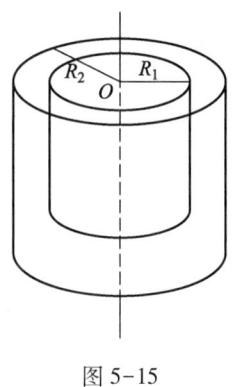

图 5-15

10. 真空中有一半径为 R、所带电荷量为 $q(q>0)$ 的均匀带电球面。求：（1）球面内、外的电场强度表达式；（2）球面内、外的电势的表达式；（3）如图 5-16 所示，若沿球面某一半径方向放置一电荷线密度为 λ（$\lambda>0$）、长度为 l 的均匀带电细线，细线左端到球心距离为 r_0，设球和线上的电荷分布不受相互作用影响，求细线所受球面电荷的电场力和细线在该电场中的电势能。（设无限远处的电势为零。）

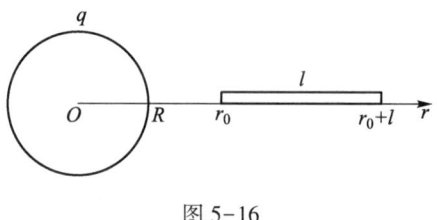

图 5-16

第五章习题

参考答案

68

第六章　静电场中的导体与电介质

一、基本要求

（一）掌握

1. 导体静电感应、静电平衡条件；
2. 静电平衡时导体的性质；
3. 电位移矢量、有电介质时的高斯定理；
4. 电容、电容器；
5. 静电场的能量。

（二）理解

1. 静电屏蔽；
2. 电介质的分类和极化机制；
3. 电极化强度。

（三）了解

1. 电容器的充放电过程；
2. 静电的应用和防护。

二、思维导图

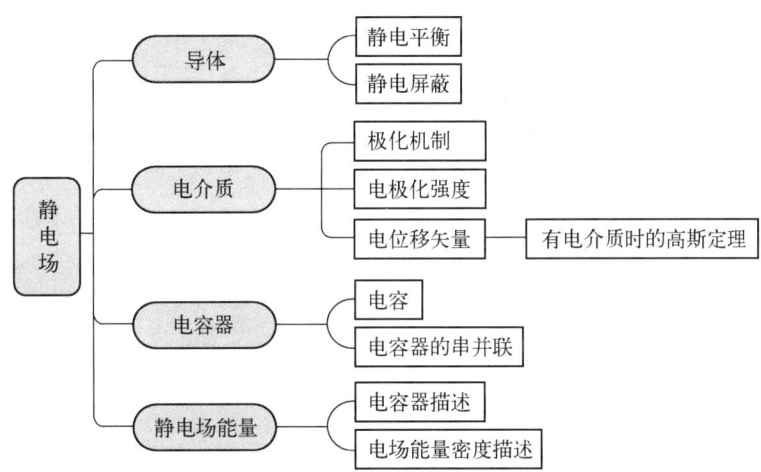

三、主要知识点

1. 导体的静电感应
外电场作用下导体中出现电荷重新分布的现象。
2. 导体的静电平衡
导体内没有电荷做定向运动，电场分布不随时间变化。

3. 静电平衡条件

（1）导体内部任意一点的电场强度均为零；

（2）导体表面处电场强度的方向与导体表面垂直。

推论：处于静电平衡的导体是等势体，导体表面是一个等势面，导体内部的电势是一常量，导体内无净电荷。

4. 静电平衡时带电导体上电荷的分布

（1）实心导体。

当实心带电导体处于静电平衡状态时，导体内部没有净电荷，电荷只分布在导体的表面。

（2）空腔导体。

① 腔内无其他带电体：静电平衡时，腔内表面无净电荷分布，净电荷都分布在外表面上。

② 空腔内有带电体：内表面电荷量与腔内带电体电荷量等量异号，外表面电荷量由电荷守恒定律决定；内表面电荷的分布只依赖于内表面的形状及腔内带电体的分布，与外表面及附近带电体无关；外表面电荷的分布只依赖于外表面的形状及附近带电体的分布，而与内表面及腔内的情况无关。

5. 处于静电平衡的导体，表面外附近的一点（指表面外无限靠近表面的点）的电场强度和该点处导体表面的电荷面密度成正比

$$E = \frac{\sigma}{\varepsilon_0} \tag{6-1}$$

6. 处于静电平衡的孤立导体，其表面上电荷面密度的大小与表面曲率有关。表面曲率越大，电荷面密度越大

7. 静电屏蔽

在静电场中，因导体的存在而使某些特定的区域不受电场影响的现象。

8. 电介质

（1）分类。

① 无极分子：无外电场时，分子的正、负电荷中心重合；

② 有极分子：无外电场时，分子的正、负电荷中心不重合，可以等效为一个电偶极子。

（2）极化机制。

① 无极分子电介质的极化机理是位移极化；

② 有极分子电介质的极化以取向极化为主，非刚性有极分子也存在一定程度的位移极化。

9. 电极化强度

单位体积中分子电偶极矩的矢量和称为电介质的电极化强度。

$$P = \frac{\sum p}{\Delta V} \tag{6-2}$$

在均匀各向同性的电介质中，

$$P = (\varepsilon_r - 1)\varepsilon_0 E \tag{6-3}$$

10. 电位移矢量

在均匀各向同性的电介质中，

$$D = \varepsilon_0 \varepsilon_r E \tag{6-4}$$

11. 有电介质时的高斯定理

穿过任意闭合曲面的电位移通量等于闭合曲面包围的自由电荷代数和。

$$\oint_S D \cdot dS = \sum_i q_{0i} \tag{6-5}$$

其中，q_{0i} 下标 0 表示自由电荷。

12. 电容、电容器

（1）孤立导体的电容：

$$C = \frac{Q}{U} \tag{6-6}$$

说明：式（6-6）是定义式，U 表示孤立导体所带电荷量为 Q 时，孤立导体的电势。孤立导体的电容与其所带电荷量无关，通常与其形状、大小及周围的介质有关。

（2）电容器的电容：

$$C = \frac{Q}{U_{AB}} \tag{6-7}$$

说明：式（6-7）是定义式，Q 表示电容器其中一个导体板所带电荷量的绝对值。电容器的电容与其所带电荷量无关，通常与其形状、大小、两导体板相对位置及周围的介质有关。

（3）电容器的串、并联。

① 串联。

特点：串联的电容器每个极板上所带电荷量的绝对值都相等。其等效电容的倒数等于各电容器电容的倒数之和，即

$$\frac{1}{C} = \frac{1}{C_1} + \frac{1}{C_2} + \frac{1}{C_3} + \cdots + \frac{1}{C_n} \tag{6-8}$$

② 并联。

特点：每个电容器两极板之间的电势差均相等。其等效电容等于各电容器的电容之和，即

$$C = C_1 + C_2 + C_3 + \cdots + C_n \tag{6-9}$$

13. 静电场的能量

（1）电容器静电场能量：

$$W_e = \frac{1}{2}\frac{Q^2}{C} = \frac{1}{2}CU^2 = \frac{1}{2}QU \tag{6-10}$$

（2）静电场的能量密度：

$$w_e = \frac{W}{V} = \frac{1}{2}\varepsilon E^2 = \frac{1}{2}DE \tag{6-11}$$

（3）静电场能量：

$$W_e = \int_V w_e \mathrm{d}V = \int_V \left(\frac{1}{2} DE \right) \mathrm{d}V = \int_V \frac{1}{2} \varepsilon E^2 \mathrm{d}V \qquad (6-12)$$

四、典型例题解析

例题 1　如图 6-1 所示，电荷量为 $+q$ 的点电荷处在导体球壳的中心，球壳的内、外半径分别为 R_1 和 R_2，求场强和电势的分布。

分析：首先分析电荷的分布，根据静电平衡条件和电荷守恒定律，可知带电情况为球壳内表面带电荷 $-q$，球壳外表面带电荷 $+q$。点电荷与球壳内外表面的电荷产生的电场是球对称的，因此可以用静电场的高斯定理求电场强度，高斯面取同心球面。得到场强分布后可利用电势定义 $V_A = \int_A^{"0"} \boldsymbol{E} \cdot \mathrm{d}\boldsymbol{l}$ 求电势分布。

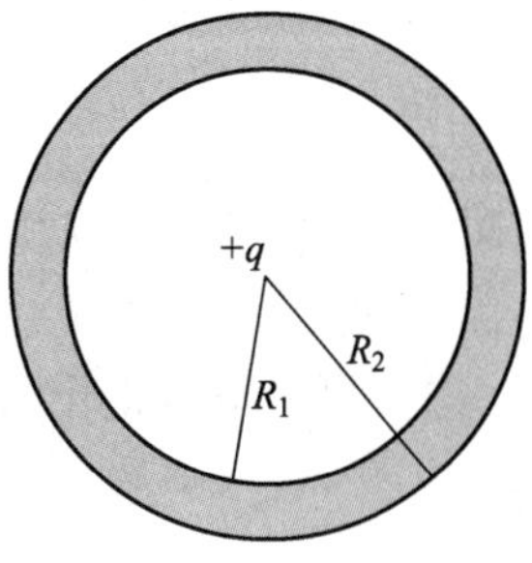

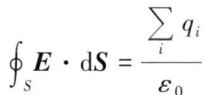

图 6-1

解：（1）取同心球面为高斯面，根据高斯定理，

$$\oint_S \boldsymbol{E} \cdot \mathrm{d}\boldsymbol{S} = \frac{\sum_i q_i}{\varepsilon_0}$$

$r < R_1$ 时，

$$\oint_S \boldsymbol{E} \cdot \mathrm{d}\boldsymbol{S} = \frac{q}{\varepsilon_0}, \quad E_1 = \frac{q}{4\pi\varepsilon_0 r^2}$$

$R_1 < r < R_2$ 时，

$$\oint_S \boldsymbol{E} \cdot \mathrm{d}\boldsymbol{S} = \frac{q - q}{\varepsilon_0}, \quad E_2 = 0$$

$r > R_2$ 时，

$$\oint_S \boldsymbol{E} \cdot \mathrm{d}\boldsymbol{S} = \frac{q}{\varepsilon_0}, \quad E_3 = \frac{q}{4\pi\varepsilon_0 r^2}$$

（2）由场强积分可求得电势的分布。

$r \le R_1$ 时，

$$V_1 = \int_r^\infty \boldsymbol{E} \cdot \mathrm{d}\boldsymbol{l} = \int_r^{R_1} \boldsymbol{E}_1 \cdot \mathrm{d}\boldsymbol{l} + \int_{R_1}^{R_2} \boldsymbol{E}_2 \cdot \mathrm{d}\boldsymbol{l} + \int_{R_2}^\infty \boldsymbol{E}_3 \cdot \mathrm{d}\boldsymbol{l} = \frac{q}{4\pi\varepsilon_0} \left(\frac{1}{r} - \frac{1}{R_1} + \frac{1}{R_2} \right)$$

$R_1 \le r \le R_2$ 时，

$$V_2 = \int_r^\infty \boldsymbol{E} \cdot \mathrm{d}\boldsymbol{l} = \int_r^{R_2} \boldsymbol{E}_2 \cdot \mathrm{d}\boldsymbol{l} + \int_{R_2}^\infty \boldsymbol{E}_3 \cdot \mathrm{d}\boldsymbol{l} = \frac{q}{4\pi\varepsilon_0 R_2}$$

$r \ge R_2$ 时，

$$V_3 = \int_r^\infty \boldsymbol{E} \cdot \mathrm{d}\boldsymbol{l} = \int_r^\infty \boldsymbol{E}_3 \cdot \mathrm{d}\boldsymbol{l} = \frac{q}{4\pi\varepsilon_0 r}$$

例题 2　三个半径分别为 R_1、R_2 和 $R_3(R_1 < R_2 < R_3)$ 的同心导体薄球壳，所带电荷量依次为 q_1、q_2 和 q_3。求：（1）各球壳的电势；（2）最外层球壳接地时，各球壳的电势。

分析：第一问可以根据电势定义计算各区域电势，也可以用电势叠加原理来计算。前一种方法可以参考例题 1。这里主要讨论第二种方法，利用单层均匀带电球面产生的电势进行叠加。

第二问当外球壳接地时，其电势为零，电荷会重新分布。根据外球壳电势为零的条件可以反推外球壳的电荷量，进而根据第一问的方法重新求电势分布。

解：已知所带电荷量为 Q、半径为 R 的导体球（球面）的电势分布为

$$V = \frac{Q}{4\pi\varepsilon_0 R} \quad (r \leqslant R)$$

$$V = \frac{Q}{4\pi\varepsilon_0 r} \quad (r > R)$$

因此，导体球是等势体，内部任一点电势等于球面电势。

（1）三个带电薄球壳各自单独存在时，在空间所产生的电势分别为

$$V_{10} = \begin{cases} \dfrac{q_1}{4\pi\varepsilon_0 R_1} (r \leqslant R_1) \\[2mm] \dfrac{q_1}{4\pi\varepsilon_0 r} (r > R_1) \end{cases}$$

$$V_{20} = \begin{cases} \dfrac{q_2}{4\pi\varepsilon_0 R_2} (r \leqslant R_2) \\[2mm] \dfrac{q_2}{4\pi\varepsilon_0 r} (r > R_2) \end{cases}$$

$$V_{30} = \begin{cases} \dfrac{q_3}{4\pi\varepsilon_0 R_1} (r \leqslant R_3) \\[2mm] \dfrac{q_3}{4\pi\varepsilon_0 r} (r > R_3) \end{cases}$$

带电薄球壳（带电球面）系统在空间所产生的电势可以看成由三个带电球面各自单独存在时所产生的电势叠加而成。根据电势叠加原理可以计算三个薄球壳电势。

以半径为 R_1 的薄球壳为例：$r = R_1 (r < R_2, r < R_3)$，半径为 R_1、R_2 和 R_3 的薄球壳在此处的电势分别为 $\dfrac{q_1}{4\pi\varepsilon_0 R_1}$、$\dfrac{q_2}{4\pi\varepsilon_0 R_2}$ 和 $\dfrac{q_3}{4\pi\varepsilon_0 R_3}$。

因此，

$$V_1 = \frac{q_1}{4\pi\varepsilon_0 R_1} + \frac{q_2}{4\pi\varepsilon_0 R_2} + \frac{q_3}{4\pi\varepsilon_0 R_3}$$

同理，半径为 R_2 的薄球壳，$r = R_2 (r > R_1, r < R_3)$，

$$V_2 = \frac{q_1}{4\pi\varepsilon_0 r} + \frac{q_2}{4\pi\varepsilon_0 R_2} + \frac{q_3}{4\pi\varepsilon_0 R_3} = \frac{q_1}{4\pi\varepsilon_0 R_2} + \frac{q_2}{4\pi\varepsilon_0 R_2} + \frac{q_3}{4\pi\varepsilon_0 R_3}$$

半径为 R_3 的薄球壳，$r = R_3 (r > R_1, r > R_2)$，

$$V_3 = \frac{q_1}{4\pi\varepsilon_0 r} + \frac{q_2}{4\pi\varepsilon_0 r} + \frac{q_3}{4\pi\varepsilon_0 R_3} = \frac{q_1}{4\pi\varepsilon_0 R_3} + \frac{q_2}{4\pi\varepsilon_0 R_3} + \frac{q_3}{4\pi\varepsilon_0 R_3}$$

（2）外球壳接地时，$V'_3 = 0$，

$$V'_3 = \frac{q_1}{4\pi\varepsilon_0 R_3} + \frac{q_2}{4\pi\varepsilon_0 R_3} + \frac{q_3}{4\pi\varepsilon_0 R_3} = 0$$

可得 $q_1 + q_2 + q_3 = 0$，即 $q_3 = -(q_1 + q_2)$。所以，

$$V'_1 = \frac{q_1}{4\pi\varepsilon_0 R_1} + \frac{q_2}{4\pi\varepsilon_0 R_2} - \frac{q_1 + q_2}{4\pi\varepsilon_0 R_3}$$

$$V'_2 = \frac{q_1 + q_2}{4\pi\varepsilon_0 R_2} - \frac{q_1 + q_2}{4\pi\varepsilon_0 R_3}$$

例题 3 如图 6-2 所示，半径为 $R_1 = 2.0\,\mathrm{cm}$ 的带电导体球，电荷量为 $3\times10^{-8}\,\mathrm{C}$。球外套同心的导体球壳，壳的内、外半径分别为 $R_2 = 4.0\,\mathrm{cm}$ 和 $R_3 = 5.0\,\mathrm{cm}$。求：（1）这个系统储存的静电能；（2）如果用导线把导体球与球壳连在一起，系统的静电能。

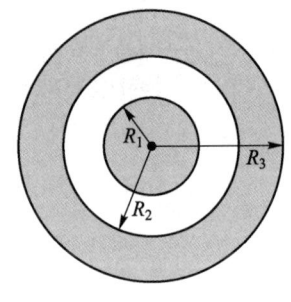

图 6-2

分析： 首先分析电荷分布。根据静电平衡条件判断电荷的分布，内部导体球面均匀分布电荷 Q，导体球壳内表面均匀分布电荷 $-Q$，外表面均匀分布电荷 Q。求静电能可以考虑两种方法，一是用能量密度积分，二是用电容器的能量公式计算。第一种方法需先求出场强分布，由于电场是球对称的，因此可用高斯定理求场强。然后构造能量密度，取薄球壳作为积分微元，积分得到总能量。第二种方法，将导体球和导体球壳内表面看成球形电容器，将导体球壳外表面看成孤立导体球，利用电容器能量公式计算静电能。

第二问中用导线把导体球与球壳连在一起，电荷都分布到导体球壳的外表面，电荷重新分布，静电能需要重新计算，方法同第一问。

解：（1）内球导体球面均匀分布电荷 Q，导体球壳内表面均匀分布电荷 $-Q$，外表面均匀分布电荷 Q。根据高斯定理，可以计算各区域的电场强度大小。

$$E_1 = 0, \quad r < R_1$$

$$E_2 = \frac{Q}{4\pi\varepsilon_0 r^2}, \quad R_1 < r < R_2$$

$$E_3 = 0, \quad R_2 < r < R_3$$

$$E_4 = \frac{Q}{4\pi\varepsilon_0 r^2}, \quad r > R_3$$

方法一：

$$W_e = \int_V \frac{1}{2}\varepsilon_0 E^2 \mathrm{d}V = \int_{R_1}^{R_2} \frac{1}{2}\varepsilon_0 \frac{Q^2}{16\pi^2\varepsilon_0^2 r^4} 4\pi r^2 \mathrm{d}r + \int_{R_3}^{\infty} \frac{1}{2}\varepsilon_0 \frac{Q^2}{16\pi^2\varepsilon_0^2 r^4} 4\pi r^2 \mathrm{d}r$$

$$= \frac{Q^2}{8\pi\varepsilon_0}\left(\frac{1}{R_1} - \frac{1}{R_2} + \frac{1}{R_3}\right) \approx 1.8\times10^{-4}\,\mathrm{J}$$

方法二：系统可看成由一个球形电容器（内半径为 R_1，外半径为 R_2）和一个孤立导体球（半径为 R_3）组成，因此，

$$W_e = \frac{Q^2}{2C_1} + \frac{Q^2}{2C_2} = \frac{Q^2}{2 \cdot \frac{4\pi\varepsilon_0 R_1 R_2}{R_2 - R_1}} + \frac{Q^2}{2 \cdot 4\pi\varepsilon_0 R_3} = \frac{Q^2}{8\pi\varepsilon_0}\left(\frac{1}{R_1} - \frac{1}{R_2} + \frac{1}{R_3}\right) \approx 1.8 \times 10^{-4} \text{ J}$$

（2）用导线把内球与球壳连在一起后，电荷均匀分布在导体球壳外表面，由高斯定理可得

$$E_1 = 0, \quad r < R_3$$

$$E_2 = \frac{Q}{4\pi\varepsilon_0 r^2}, \quad r > R_3$$

$$W_e = \int_V \frac{1}{2}\varepsilon_0 E^2 \mathrm{d}V = \int_{R_3}^{\infty} \frac{1}{2}\varepsilon_0 \frac{Q^2}{16\pi^2\varepsilon_0^2 r^4} 4\pi r^2 \mathrm{d}r = \frac{Q^2}{8\pi\varepsilon_0 R_3} \approx 8.5 \times 10^{-5} \text{ J}$$

或者

$$W_e = \frac{Q^2}{2C_2} = \frac{Q^2}{2 \cdot 4\pi\varepsilon_0 R_3} \approx 8.5 \times 10^{-5} \text{ J}$$

思考：为什么系统总的电荷量没有变化，电场的能量却会减小？

例题 4 如图 6-3 所示，每个电容器的电容都是 $3 \ \mu\text{F}$，现将 A、B 两端加上 $U = 450 \text{ V}$ 的电压，求：（1）各个电容器极板所带电荷量；（2）整个电容器组所储存的电场能。

分析：由图可知，电容器 C_1 和 C_2 并联后再与 C_3 串联。根据电容器串、并联的公式求解并联之后的电容 C_{12} 和总电容 C，根据总电压先求 q_3，再求并联部分的电压，再分别求 q_1 和 q_2。第二问利用电容器能量公式求解即可。

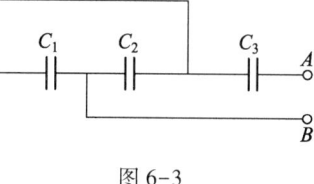

图 6-3

解：（1）设电容器 C_1 和 C_2 并联后的电容为 C_{12}，所带电荷量设为 q_{12}，C_{12} 两端电压为 U_{12}，电容器组的总电容设为 C，则 C_1 和 C_2 并联，因此有

$$C_{12} = C_1 + C_2 = 6 \ \mu\text{F}$$

电容器 C_{12} 与 C_3 串联，总电容为

$$\frac{1}{C} = \frac{1}{C_{12}} + \frac{1}{C_3}$$

解得

$$C = 2 \ \mu\text{F}$$

电容器组为 C_{12} 与 C_3 串联，C_{12} 和 C_3 极板所带电荷量相等，因此

$$q_{12} = q_3 = q = CU = 2 \times 10^{-6} \times 450 \text{ C} = 9 \times 10^{-4} \text{ C}$$

电容器 C_1 和 C_2 并联，C_1 和 C_2 两端电压相等，即

$$q_1 = C_1 U_{12}, \quad q_2 = C_2 U_{12}$$

因为 $C_1 = C_2$，所以 $q_1 = q_2$。又因为 $q_{12} = q_1 + q_2$，所以

$$q_1 = q_2 = \frac{q_{12}}{2} = 4.5 \times 10^{-4} \text{ C}$$

即电容器 C_1、C_2 和 C_3 的电荷量分别为

$$q_1 = q_2 = 4.5 \times 10^{-4} \text{ C}, \quad q_3 = 9 \times 10^{-4} \text{ C}$$

（2）根据电容器储能公式可知，整个电容器组所储存的电能为

$$W_e = \frac{1}{2}CU^2 = \frac{1}{2} \times 2 \times 10^{-6} \times 450^2 \text{ J} = 0.2025 \text{ J}$$

例题 5 一平板电容器，充电后极板上电荷面密度为 $\sigma_0 = 4.5 \times 10^{-5} \text{C/m}^2$。现将两极板与电源断开，然后把一块相对电容率为 $\varepsilon_r = 2$ 的电介质插入两板之间，如图 6-4 所示。求两板间电介质内的电位移 D、电场强度 E 和电极化强度 P。

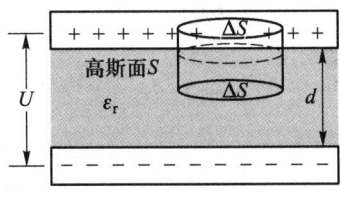

图 6-4

分析： 电容器中充有均匀电介质，可先利用有电介质时的高斯定理求电位移矢量，高斯面取圆柱面，上端面置于上导体板内部，下端面置于电介质中。得到电位移之后根据公式 $\boldsymbol{D} = \varepsilon_0 \varepsilon_r \boldsymbol{E}$ 计算电场强度，再利用公式 $\boldsymbol{P} = (\varepsilon_r - 1)\varepsilon_0 \boldsymbol{E}$ 计算电极化强度。

解： 选如图 6-4 所示的圆柱面作为高斯面，根据有电介质时的高斯定理可得

$$D\Delta S = \sigma_0 \Delta S$$
$$D = \sigma_0 = 4.5 \times 10^{-5} \text{C/m}^2$$

根据 $D = \varepsilon_0 \varepsilon_r E$，$P = (\varepsilon_r - 1)\varepsilon_0 E$，得两板间电介质内的电场强度 E 和电极化强度 P 为

$$E = \frac{D}{\varepsilon_0 \varepsilon_r} = 2.5 \times 10^6 \text{ V/m}^2$$

$$P = (\varepsilon_r - 1)\varepsilon_0 E = 2.3 \times 10^{-5} \text{ C/m}^2$$

五、习题

（一）选择题

1. 若导体处于静电平衡状态，则（　　）。

A. 导体所带的电荷均匀分布在导体内

B. 表面曲率较大处电势较高

C. 导体内部任何一点处的电场强度为零，导体表面处电场强度的方向处处都与导体表面垂直

D. 导体内部的电势比导体表面的电势低

2. 如图 6-5 所示，所带电荷量为 $+Q$ 的导体 B 放在接地的导体 A 附近，则导体 A（　　）。

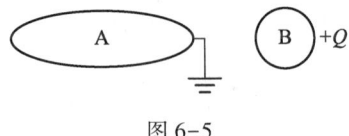

图 6-5

A. 带正电荷 　　　　　　　　　B. 不带电荷

C. 带负电荷 　　　　　　　　　D. 左边带正电荷，右边带负电荷

3. 如图 6-6 所示,将一个电荷量为 q 的点电荷放在一个半径为 R 的不带电的导体球附近,点电荷到导体球球心距离为 d。取无限远处为电势零点,则在球心 O 点有 (　　)。

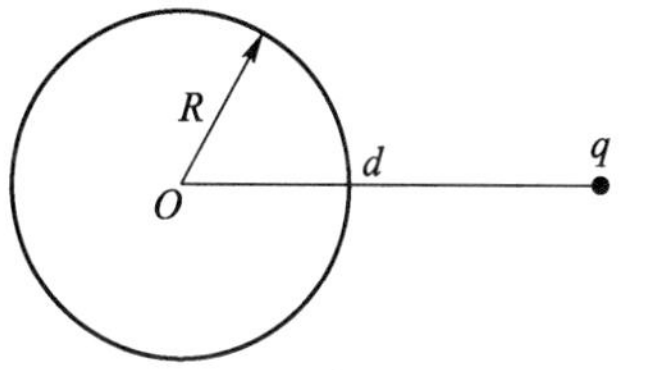

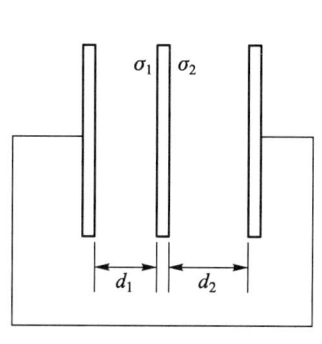

图 6-6

A. $E=0$, $V=\dfrac{q}{4\pi\varepsilon_0 d}$

B. $E=\dfrac{q}{4\pi\varepsilon_0 d^2}$, $V=\dfrac{q}{4\pi\varepsilon_0 d}$

C. $E=0$, $V=0$

D. $E=\dfrac{q}{4\pi\varepsilon_0 d^2}$, $V=\dfrac{q}{4\pi\varepsilon_0 R}$

4. 有两个金属球,一个是半径为 $2R$ 的空心球,另一个是半径为 R 的实心球,两球球心距离 $r \gg R$。空心球和实心球原来所带电荷量均为 $+2Q$。若用导线将它们连接起来,静电平衡后,电荷分布正确的是 (　　)。

A. 空心球带电荷 $+\dfrac{4Q}{3}$,实心球带电荷 $+\dfrac{8Q}{3}$

B. 两球均带电荷 $+2Q$

C. 空心球带电荷 $+4Q$,实心球不带电

D. 空心球带电荷 $+\dfrac{8Q}{3}$,实心球带电荷 $+\dfrac{4Q}{3}$

5. 如图 6-7 所示,半径为 a 的"无限长"圆柱面上均匀带电,其电荷线密度为 λ。在其外面套一半径为 b 的同轴金属薄圆筒,圆筒最初不带电,但与大地连接,设大地的电势为零,则在内圆柱面里面、距离轴线为 r 的 P 点的场强大小和电势分别为 (　　)。

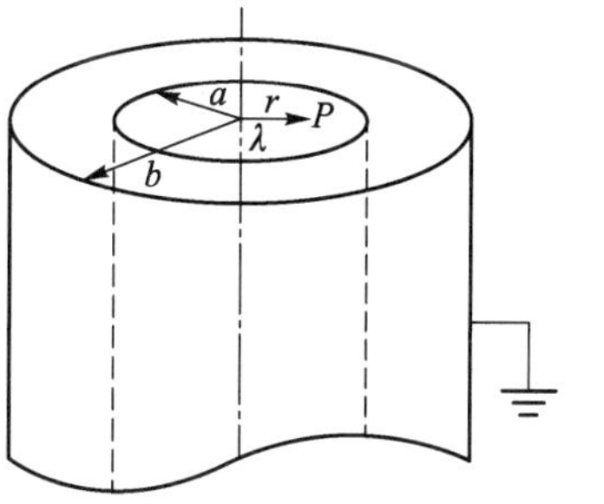

A. $E=0$, $V=\dfrac{\lambda}{2\pi\varepsilon_0}\ln\dfrac{a}{r}$

B. $E=0$, $V=\dfrac{\lambda}{2\pi\varepsilon_0}\ln\dfrac{b}{a}$

C. $E=\dfrac{\lambda}{2\pi\varepsilon_0 r}$, $V=\dfrac{\lambda}{2\pi\varepsilon_0}\ln\dfrac{b}{r}$

D. $E=\dfrac{\lambda}{2\pi\varepsilon_0 r}$, $V=\dfrac{\lambda}{2\pi\varepsilon_0}\ln\dfrac{b}{a}$

图 6-7

6. 如图 6-8 所示,三块互相平行的导体板,相互之间的距离 d_1 和 d_2 比板面积的线度小得多。外侧两导体板用导线连接,中间导体板带电,设左、右两面的电荷面密度分别为 σ_1 和 σ_2,则比值 σ_1/σ_2 为 (　　)。

A. $\dfrac{d_1}{d_2}$　　　　　　　　B. 1

C. $\dfrac{d_2}{d_1}$　　　　　　　　D. $\dfrac{d_2^2}{d_1^2}$

图 6-8

7. 空气平行板电容器两极板相距 $1.5\,\text{cm}$，接在 $40\,\text{kV}$ 的电源上。在极板间插入厚度为 $0.5\,\text{cm}$、相对电容率为 $\varepsilon_r = 5$ 的玻璃板。已知玻璃的击穿场强为 $60\,\text{kV/cm}$，空气的击穿场强为 $30\,\text{kV/cm}$，则（　　）。

A. 插入玻璃板前后电容器均不会被击穿

B. 插入玻璃板前电容器会被击穿，插入玻璃板之后不会被击穿

C. 插入玻璃板前电容器不会被击穿，插入玻璃板之后会被击穿

D. 插入玻璃板前电容器已被击穿，插入玻璃板之后也会被击穿

8. 如图 6-9 所示，在与电源连接的平行板电容器内部左、右两部分分别充满相对电容率为 ε_{r1} 和 ε_{r2} 的均匀电介质。关于两种电介质中的场强和电位移矢量的大小说法正确的是（　　）。

A. $E_1 = E_2$，$D_1 = D_2$

B. $E_1 \neq E_2$，$D_1 \neq D_2$

C. $E_1 = E_2$，$D_1 \neq D_2$

D. $E_1 \neq E_2$，$D_1 = D_2$

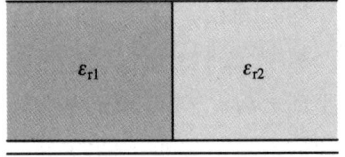

图 6-9

9. 如图 6-10 所示，空气平行板电容器 C_1 和 C_2 并联后接在电源两端充电。在电源保持连接的情况下，将一各向同性均匀电介质板插入 C_1 中，则（　　）。

A. C_1 极板上的电荷量增加，C_2 极板上的电荷量减少

B. C_1 极板上的电荷量减少，C_2 极板上的电荷量增加

C. C_1 极板上的电荷量增加，C_2 极板上的电荷量不变

D. C_1 极板上的电荷量减少，C_2 极板上的电荷量不变

10. 如果某均匀带电体的体积不变，电荷体密度 ρ 增大为原来的 2 倍，则电场的能量变为原来的（　　）。

A. 4 倍

B. 2 倍

C. 1/2

D. 1/4

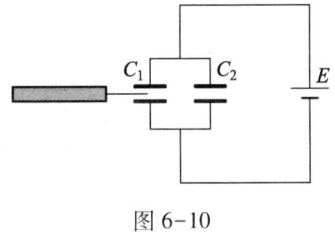

图 6-10

（二）填空题

1. 如图 6-11 所示，将真空中一半径为 R 的金属球接地，在与球心 O 相距 $r(r>R)$ 处放置一个电荷量为 q 的点电荷，不计接地导线上电荷的影响，则金属球表面上的感应电荷电荷量 q' 表达式为（　　）。

2. 如图 6-12 所示，在内、外半径分别为 $R_1 = 2.0\,\text{cm}$ 和 $R_2 = 3.0\,\text{cm}$ 的导体球壳中心处放置一电荷量为 $q = 4.0 \times 10^{-10}\,\text{C}$ 的点电荷，距离球心 $1.0\,\text{cm}$ 处的电势为（　　）V。

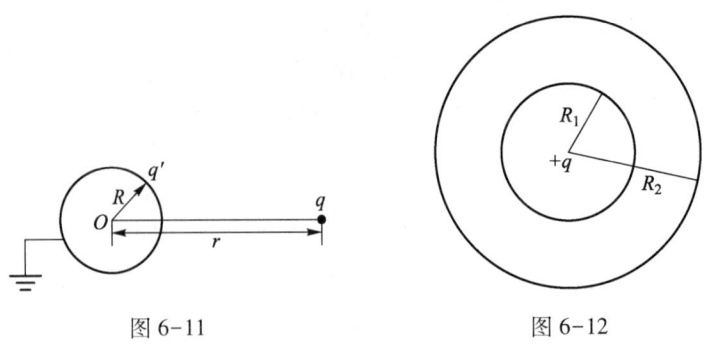

图 6-11　　　　　　　　　　图 6-12

3. 如图 6-13 所示，平行板电容器两极板的正对面积均为 S，相距 d，其间插入一厚为 t 的金属片，略去边缘效应。则插入金属片后电容器的电容 $C =$ （   ）。

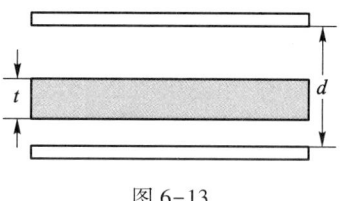

图 6-13

4. 一空气平行板电容器，电容为 C，两极板间距离为 d，充电后，两极板间相互作用力为 F。则两板间的电势差为（   ），极板上的电荷量大小为（   ）。

5. 两电容器的电容分别为 $C_1 = 20\ \mu F$ 和 $C_2 = 30\ \mu F$，则它们串联后的等效电容值为（   ）μF。

6. 均匀各向同性的电介质放入电场中会发生极化现象。无极分子电介质的极化机制为（   ），有极分子电介质的极化机制为（   ）。

7. A、B、C 是三块正对的平行金属板，面积均为 $200\ cm^2$。A、B 相距 $4.0\ mm$，A、C 相距 $2.0\ mm$，B、C 两板都接地（如图 6-14 所示）。设 A 板带正电荷，电荷量为 $3.0 \times 10^{-7}\ C$，不计边缘效应。若在 A、B 间充以相对电容率为 $\varepsilon_r = 5$ 的均匀电介质（其他区域为真空），则 A 板的电势为（   ）V。

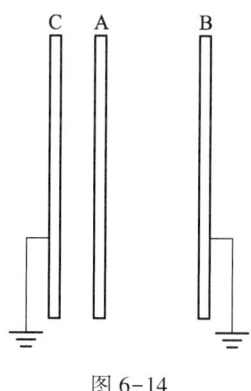

图 6-14

8. 电容分别为 $C_1 = 2\ \mu F$ 和 $C_2 = 3\ \mu F$ 的两空气平行板电容器并联。现在 C_1 两极板之间充满均匀、各向同性的电介质后，实验测得电容组的等效电容值为 $6\ \mu F$，则电介质的相对电容率 $\varepsilon_r =$ （   ）。

9. 一平行板电容器，充电后极板上电荷面密度为 $\sigma_0 = 4.5 \times 10^{-5}\ C \cdot m^{-2}$。先将两极板与电源断开，再把相对电容率为 $\varepsilon_r = 2.0$ 的电介质插入两极板之间，此时电介质中电场强度的大小为（   ）V/m，电极化强度的大小为（   ）C/m^2。

10. 在相对电容率 $\varepsilon_r = 4.0$ 的各向同性均匀电介质中，电场能量密度为 $w_e = 2 \times 10^6\ J/cm^3$，则相应的电场强度的大小为 $E =$ （   ）$\times 10^{11}\ V/m$。

（三）计算题

1. 如图 6-15 所示，两块带有等量异号电荷的金属板 a 和 b，相距 $5.0\ mm$，两板的面

积均为 $150\,cm^2$，所带电荷量均为 $2.66\times10^{-8}\,C$。其中，a 板带正电荷并接地。取大地为电势零点，并略去边缘效应，求：（1）b 板的电势；（2）在 a、b 之间，距离 a 板 $1.0\,mm$ 处的电势。

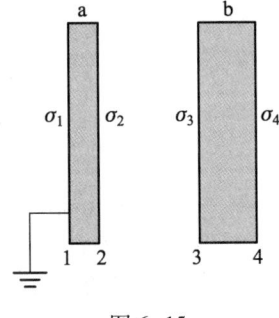

图 6-15

2. 如图 6-16 所示，带正电荷的同心球形金属空腔内、外半径分别为 a 和 b，所带电荷量为 Q。腔内距球心 O 为 r 处有一电荷量为 q 的点电荷，求球心 O 点的电势。

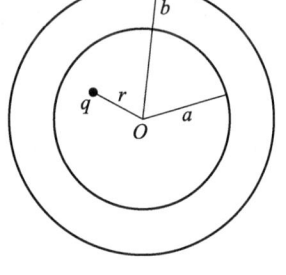

图 6-16

3. 电荷量为 q、半径为 R_1 的导体球外套有内、外半径分别为 R_2 和 R_3 的同心导体球壳，球壳所带电荷量为 Q，求：（1）导体球和球壳的电势 V_1、V_2；（2）若球壳接地，导体球和球壳的电势 V_1、V_2；（3）若导体球接地（设球壳离地面很远），导体球和球壳的电势 V_1、V_2。

4. 两块平行放置的无限大带电平板，相距 $1\,cm$，电荷面密度分别为 $\sigma_1=3\times10^{-8}\,C\cdot m^{-2}$ 和 $\sigma_2=1\times10^{-8}\,C\cdot m^{-2}$。今将一块厚度为 $2\,mm$ 的不带电金属平板平行插入两平板之间。求：（1）金属平板两表面上的感应电荷面密度；（2）插入金属平板前后，两块带电平板之间的电势差改变量。

5. 有两块平行金属板，面积均为 $100\,\mathrm{cm}^2$，板上分别带有 $8.9\times10^{-7}\,\mathrm{C}$ 等量异号电荷，两板间充满电介质，已知电介质内部场强大小为 $1.4\times10^6\,\mathrm{V\cdot m^{-1}}$。求：（1）电介质的相对电容率；（2）电介质表面上的极化面电荷的电荷量 Q'。

6. 有一平行板电容器，极板间距为 $d=5.00\,\mathrm{mm}$，极板正对面积为 $S=100\,\mathrm{cm}^2$，用电动势 $E=300\mathrm{V}$ 的电源给电容器充电。（1）若两板间为真空，求此电容器的电容 C_0、极板上的电荷面密度 σ_0、两极板间的场强大小 E_0；（2）若该电容器充电后与电源断开，再在两板间插入厚度为 $d=5.00\,\mathrm{mm}$ 的玻璃片（相对电容率 $\varepsilon_r=5.0$），求其电容 C、两板间的场强大小 E 以及电势差 ΔU；（3）若该电容器充电后，仍与电源相接，在两极板间插入与（2）相同的玻璃片，求其电容 C'、两板间的场强大小 E' 以及两板上的电荷量 q。

7. 有两个共轴的导体圆柱筒，内筒半径为 R_1，外筒半径为 R_2，$R_1<R_2$，$R_2<2R_1$，其间有两层均匀电介质，分界面的半径为 R，内层电介质的相对电容率为 ε_{r1}，外层介质的相对电容率为 ε_{r2}，$\varepsilon_{r2}=\varepsilon_{r1}/2$，两层电介质的击穿场强都是 E_b，当电压升高时，哪层电介质先被击穿？并求所加最大电压。

8. 如图 6-17 所示，三个平行板电容器的电容分别为 $C_1=0.25\,\mu\mathrm{F}$，$C_2=0.15\,\mu\mathrm{F}$，$C_3=0.20\,\mu\mathrm{F}$，C_1 两极板间的电压为 $50\,\mathrm{V}$。求 A、B 两点的电势差 U_{AB}。

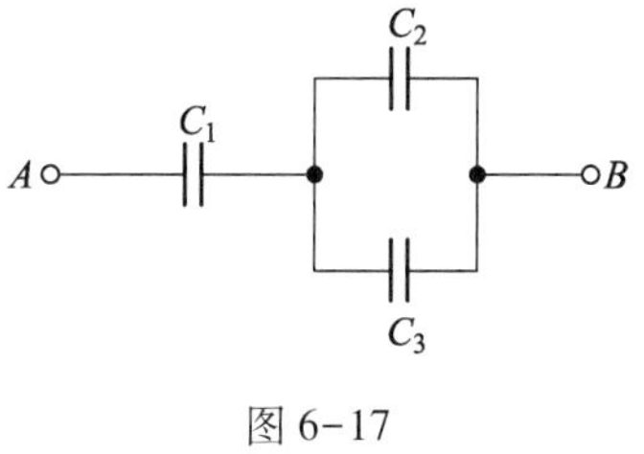

图 6-17

9. 把一相对电容率为 ε_r 的均匀电介质球壳套在一半径为 a 的金属球外，金属球带电荷 q，设电介质球壳的内半径为 a，外半径为 b，比较无电介质和有电介质两种情况下静电能的变化。

10. 一平行板电容器极板正对面积为 S，间距为 d，接在电源上维持其电压恒为 U。将一块厚度为 d、介电常量为 ε 的均匀电介质板插入极板间空隙。计算：（1）插入电介质板前后静电能的改变量；（2）电场对电源所做的功；（3）电场对电介质板所做的功。

第六章习题
参考答案

第七章 恒定磁场

一、基本要求

（一）掌握

1. 磁场、磁感应强度、磁矩、磁场强度；
2. 毕奥-萨伐尔定律；
3. 运动电荷产生的磁场；
4. 磁场线、磁通量、磁场的高斯定理；
5. 安培环路定理；
6. 洛伦兹力和安培力。

（二）理解

1. 电流强度与电流密度；
2. 电动势、非静电场；
3. 质谱仪、回旋加速器、霍尔效应；
4. 磁介质、磁化强度和磁化电流；
5. 顺磁质和抗磁质磁化的微观机制；
6. 磁介质中的安培环路定理。

（三）了解

1. 电流的连续性方程；
2. 欧姆定律的微分形式；
3. 量子霍尔效应；
4. 铁磁质、磁滞回线、磁畴。

二、思维导图

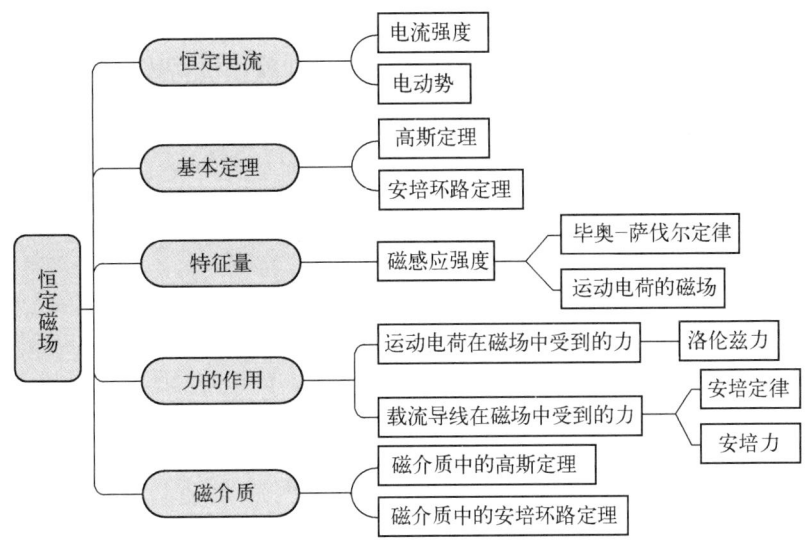

三、主要知识点

1. 恒定电流

（1）电流强度：单位时间通过导体内某一截面的电荷量，即

$$I = \frac{\mathrm{d}q}{\mathrm{d}t}$$

注意：电流强度是标量，但规定正电荷的运动方向为电流强度的方向。

（2）电流密度：单位时间通过导体单位横截面积的电荷量，其方向是正电荷漂移速度的方向。电流密度和电流强度之间的关系为

$$I = \int_S \boldsymbol{j} \cdot \mathrm{d}\boldsymbol{S} \tag{7-1}$$

（3）宏观电流和微观载流子之间的关系：

$$I = qnvS \tag{7-2}$$

其中：q 为载流子的电荷量绝对值，n 为载流子数密度，v 为载流子的漂移速率，S 为载流导线的横截面积。

2. 电动势

（1）电动势的定义：将单位正电荷沿闭合回路移动一周时，非静电力所做的功。

（2）电源电动势：将单位正电荷从电源负极经电源内部移到正极时，非静电力所做的功。电源电动势的方向为电源内部从负极指向正极的方向。

3. 磁场

（1）磁场：运动电荷或电流在其周围产生的特殊物质。

（2）磁场的对外表现。

① 力的表现：磁场对运动电荷或载流导体有作用力；

② 功的表现：当载流导体在磁场中运动时，磁场会对载流导体做功；

③ 磁场能使处于磁场内的磁介质发生磁化。

4. 磁感应强度

（1）$\boldsymbol{B}$ 是描述磁场中各点磁场的强弱和方向的物理量，它与电场中的 $\boldsymbol{E}$ 地位相当；

（2）在 SI 中，$\boldsymbol{B}$ 的单位为 T（特斯拉）。

5. 毕奥-萨伐尔定律

电流元 $I\mathrm{d}\boldsymbol{l}$ 在空间中某点产生的磁感应强度为

$$\mathrm{d}\boldsymbol{B} = \frac{\mu_0}{4\pi} \frac{I\mathrm{d}\boldsymbol{l} \times \boldsymbol{r}}{r^3} \tag{7-3}$$

其中，位置矢量 $\boldsymbol{r}$ 的方向由电流元指向空间场点，$\mu_0 = 4\pi \times 10^{-7} \ \mathrm{N/A^2}$ 为真空磁导率。

一段载流导线在空间某处产生的磁场的磁感应强度为

$$\boldsymbol{B} = \int \mathrm{d}\boldsymbol{B} = \int_l \frac{\mu_0}{4\pi} \frac{I\mathrm{d}\boldsymbol{l} \times \boldsymbol{r}}{r^3} \tag{7-4}$$

6. 运动电荷产生的磁场

运动电荷在空间中某点产生的磁感应强度为

$$B = \frac{\mu_0}{4\pi} \frac{q\boldsymbol{v} \times \boldsymbol{r}}{r^3} \tag{7-5}$$

说明：（1）q 为运动电荷的电荷量；

（2）$\boldsymbol{v}$ 为运动电荷的速度；

（3）$\boldsymbol{r}$ 是由运动电荷指向场点的位矢；

（4）磁感应强度的方向与电荷正负有关。当 $q>0$ 时，$\boldsymbol{B}$ 与 $\boldsymbol{v} \times \boldsymbol{r}$ 同向；当 $q<0$ 时，$\boldsymbol{B}$ 与 $\boldsymbol{v} \times \boldsymbol{r}$ 反向。

7. 磁场的高斯定理

（1）磁感应线。

磁感应线是为了形象描述磁感应强度的分布而引入的有向曲线。

规定：① 方向：某点磁感应线切线方向为该处磁场的方向；

② 大小：穿过垂直于磁感应线单位横截面积的磁感应线条数，数值上等于该处磁感应强度的大小。

特点：① 磁感应线为闭合曲线，既无起点，也无终点；

② 任意两条磁感应线不能相交；

③ 磁感应线方向与电流流向互成右手螺旋关系。

（2）磁通量。

定义：通过某一曲面的磁感应线的条数称为通过该面的磁通量，用 Φ_{m} 表示。

$$\Phi_{\mathrm{m}} = \int_S \boldsymbol{B} \cdot \mathrm{d}\boldsymbol{S} \tag{7-6}$$

（3）磁场的高斯定理：

$$\oint \boldsymbol{B} \cdot \mathrm{d}\boldsymbol{S} = 0 \tag{7-7}$$

穿过任意一个闭合曲面的磁通量都等于零，说明磁场是一个无源场。

8. 安培环路定理

恒定磁场的安培环路定理的数学形式为

$$\oint_l \boldsymbol{B} \cdot \mathrm{d}\boldsymbol{l} = \mu_0 \sum I_{\mathrm{内}} \tag{7-8}$$

它表明在真空中，磁感应强度沿任意闭合回路的线积分（即 $\boldsymbol{B}$ 的环流），等于穿过闭合回路的电流强度代数和的 μ_0 倍。

说明：（1）安培环路定理说明了磁场为非保守场或有旋场；

（2）磁感应强度 $\boldsymbol{B}$ 是由所有电流共同产生的，这里的所有电流指穿过闭合回路和没有穿过闭合回路的电流；

（3）磁感应强度沿任意闭合回路的环流只与穿过闭合回路的电流有关；

（4）穿过闭合回路的电流正负由右手螺旋定则确定：当电流与回路的绕向成右手螺旋关系时，电流取正，反之取负。

9. 磁场对运动电荷的作用力（洛伦兹力）

运动电荷在磁场中所受的磁场力称为洛伦兹力，其数学表达式为

$$\boldsymbol{F} = q\boldsymbol{v} \times \boldsymbol{B} \tag{7-9}$$

式中 q 为运动电荷的电荷量。这里需要注意判断洛伦兹力的方向，当 $q>0$ 时，$\boldsymbol{F}$ 与 $\boldsymbol{v}\times\boldsymbol{B}$ 方向相同；当 $q<0$ 时，$\boldsymbol{F}$ 与 $\boldsymbol{v}\times\boldsymbol{B}$ 方向相反。另外，由于 $\boldsymbol{F}$ 始终垂直于 $\boldsymbol{v}$ 和 $\boldsymbol{B}$ 所成的平面，即 $\boldsymbol{F}\perp\boldsymbol{v}$，所以洛伦兹力永远不做功。

10. 磁场对载流导线的作用力（安培力）

电流元 $Id\boldsymbol{l}$ 在磁场中所受的安培力为

$$d\boldsymbol{F} = Id\boldsymbol{l}\times\boldsymbol{B} \tag{7-10}$$

式（7-10）为安培定律的数学表达式，其中 $\boldsymbol{B}$ 为电流元 $Id\boldsymbol{l}$ 所在处的磁感应强度。

对于有限长的载流导线，它在磁场中所受的安培力可由叠加原理得到，

$$\boldsymbol{F} = \int d\boldsymbol{F} = \int_l Id\boldsymbol{l} \times \boldsymbol{B} \tag{7-11}$$

11. 平面载流线圈在磁场中受到的磁力矩

在均匀磁场中，平面载流线圈受到的磁场力的力矩为

$$\boldsymbol{M} = \boldsymbol{m}\times\boldsymbol{B} \tag{7-12}$$

其中，$\boldsymbol{m}$ 为线圈的磁矩。

若平面线圈有 N 匝，线圈中通的电流强度为 I，线圈所包围的平面面积为 S，其面法线单位矢量为 $\boldsymbol{e}_n$，则有

$$\boldsymbol{m} = NIS\boldsymbol{e}_n \tag{7-13}$$

注意：

（1）面法线方向与电流成右手螺旋关系，即电流方向是四指方向，拇指方向为面法线方向；

（2）磁力矩的作用总是力图使线圈的磁矩的方向转到与外磁场的方向一致。

12. 磁介质

磁介质在外磁场 $\boldsymbol{B}_0$ 中会被磁化，磁化后会产生一个附加磁感应强度 $\boldsymbol{B}'$，从而使磁介质中的磁场发生改变，介质内的磁感应强度为

$$\boldsymbol{B} = \boldsymbol{B}_0 + \boldsymbol{B}' \tag{7-14}$$

（1）磁介质的分类。

根据相对磁导率 μ_r（量纲为一）的大小，把磁介质分为顺磁质（$\mu_r>1$）、抗磁质（$\mu_r<1$）和铁磁质（$\mu_r\gg1$）。

（2）磁化的微观机制。

① 顺磁质：分子固有磁矩不为零，在外磁场的磁力矩的作用下，分子磁矩会发生取向，从而在磁介质表面形成磁化电流，磁化电流产生的附加磁场与外磁场方向一致；

② 抗磁质：分子固有磁矩为零，但电子轨道运动在外磁场的作用下会发生进动，从而产生一个与外磁场方向相反的附加磁矩。抗磁质中大量分子或原子的附加磁矩都是如此，其结果是磁体内会激发一个和外磁场方向相反的附加磁场；

③ 铁磁质：可以用磁畴来解释其磁化的微观机制。铁磁质中起主要作用的是电子的自旋磁矩。各电子的自旋磁矩靠交换耦合作用使方向一致，从而形成自发的均匀磁化小区域（称为磁畴）。

（3）磁化强度。

磁化强度是用来表征磁介质被磁化程度的物理量，其定义为单位体积内分子磁矩的矢

量和。

（4）磁介质中的安培环路定理。

在磁介质中引入磁场强度 $\boldsymbol{H}$。对于均匀各向同性的磁介质，磁感应强度与磁场强度之间的关系为

$$\boldsymbol{B}=\mu\boldsymbol{H}=\mu_0\mu_r\boldsymbol{H} \tag{7-15}$$

则磁介质中的安培环路定理为

$$\oint_l \boldsymbol{H} \cdot \mathrm{d}\boldsymbol{l} = \sum I_c \tag{7-16}$$

其中 I_c 为传导电流，即磁场强度沿任意闭合回路的环流，等于回路所包围的传导电流的代数和。当传导电流方向与回路绕向成右手螺旋关系时，电流为正，反之为负。

13. 几种典型模型对应的磁感应强度分布

（1）真空中，通有电流 I 的无限长载流直导线外，到直导线的距离为 r 一点的磁感应强度：

$$B=\frac{\mu_0 I}{2\pi r} \tag{7-17}$$

（2）真空中，半径为 R、通有电流 I 的载流圆环，圆心处的磁感应强度：

$$B=\frac{\mu_0 I}{2R} \tag{7-18}$$

（3）真空中，通有电流 I、单位长度上的匝数为 n 的无限长直密绕螺线管内任意一点的磁感应强度：

$$B=\mu_0 nI \tag{7-19}$$

四、典型例题解析

例题 1 如图 7-1（a）所示，真空中有一长为 l、截面半径为 R 的均匀密绕长直螺线管，螺线管单位长度的匝数为 n，通有电流强度为 I 的电流，求管内轴线上任意 P 点处的磁感应强度。

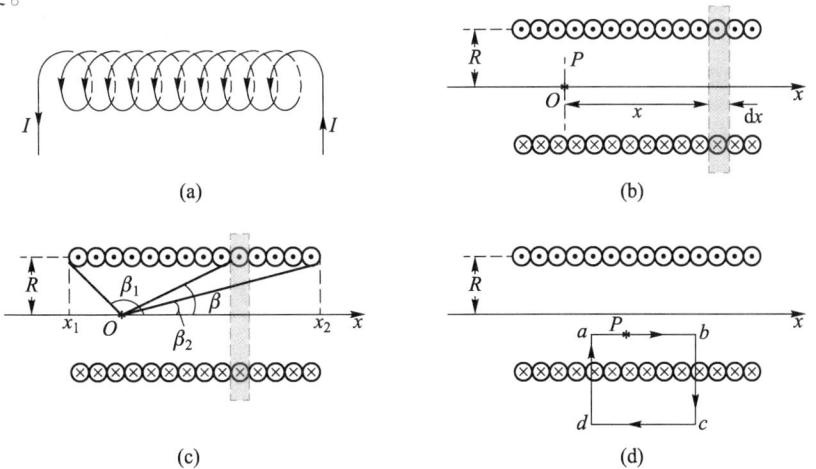

图 7-1

分析： 本题可以采用毕奥-萨伐尔定律来求解。其思想是将密绕直螺线管等效为许多个载流圆线圈，每个载流圆线圈在 P 点处产生的磁场可利用载流圆线圈轴线上一点的磁场得到，再根据叠加原理即可求得整个密绕直螺线管轴线上一点的磁场。

解： 密绕直螺线管沿直径的纵剖面图如图 7-1（b）所示，以 P 点为坐标原点，沿轴线建立坐标系 x 轴，在 x 处取 dx，dx 包含线圈数为 ndx。因为螺线管线圈是密绕的，所以 dx 段相当于一个电流强度为 $Indx$ 的载流圆线圈。该等效圆线圈在 P 点处产生的磁感应强度大小为

$$dB = \frac{\mu_0}{2}\frac{R^2 Indx}{\left(R^2+x^2\right)^{3/2}}$$

方向都沿 x 轴正方向，由叠加原理可得，整个密绕直螺线管在 P 点处产生的磁感应强度大小为

$$B = \int dB = \frac{\mu_0 nI}{2}\int_{x_1}^{x_2}\frac{R^2 dx}{\left(R^2+x^2\right)^{3/2}}$$

上式直接积分不好积，采用变量代换，换成角度积分，β 为等效圆线圈所在连线与 Ox 轴间夹角，如图 7-1（c）所示。

$$x = R\cot\beta, \quad dx = -R\csc^2\beta d\beta, \quad R^2+x^2 = R^2\csc^2\beta$$

$$B = -\frac{\mu_0 nI}{2}\int_{\beta_1}^{\beta_2}\frac{R^3\csc^2\beta d\beta}{R^3\csc^3\beta} = -\frac{\mu_0 nI}{2}\int_{\beta_1}^{\beta_2}\sin\beta d\beta$$

$$= \frac{\mu_0 nI}{2}\left(\cos\beta_2 - \cos\beta_1\right)$$

方向指向 x 轴正方向。

讨论：（1）当 $R\ll l$ 时，螺线管可以看成无限长，即 $\beta_1=\pi$，$\beta_2=0$，则其内部轴线上一点的磁感应强度大小为 $B=\mu_0 nI$；

（2）当 $R\ll l$ 时，在螺线管两端可以把螺线管看成半无限长，即 $\beta_1=\dfrac{\pi}{2}$，$\beta_2=0$，或 $\beta_1=\pi$，$\beta_2=\dfrac{\pi}{2}$，则该点的磁感应强度大小为 $B=\dfrac{1}{2}\mu_0 nI$。

引申： 对于无限长密绕直螺线管，其内部任一点的磁感应强度等于多少呢？

利用安培环路定理，建立矩形回路 $abcd$，其中 ab 平行于轴线，回路的绕向为顺时针方向，如图 7-1（d）所示。根据对称性分析，螺线管内任一点磁场的方向都平行于轴线向右，而螺线管外靠近螺线管区域的磁感应强度趋近于零，故有

$$\oint_l \boldsymbol{B}\cdot d\boldsymbol{l} = \int_a^b \boldsymbol{B}\cdot d\boldsymbol{l} + \int_b^c \boldsymbol{B}\cdot d\boldsymbol{l} + \int_c^d \boldsymbol{B}\cdot d\boldsymbol{l} + \int_d^a \boldsymbol{B}\cdot d\boldsymbol{l} = B\,|ab|$$

再由安培环路定理，可得

$$\oint_l \boldsymbol{B}\cdot d\boldsymbol{l} = \mu_0\sum I_{内} = \mu_0 n\,|ab|I$$

所以螺线管内任一点的磁感应强度为 $B=\mu_0 nI$。可见无限长载流密绕直螺线管内部是均匀磁场。

思考： 若密绕长直螺线管的截面不是圆，而是任意形状，那么其内部的场是否仍为均

匀的？磁感应强度大小等于多少呢？（这里可以利用等效思想来思考这个问题，其内部仍然是均匀磁场，大小等于$\mu_0 nI$。）

例题 2 如图 7-2 所示，电子绕原子核做半径为 R 的逆时针圆周运动，速率为 v，求：（1）轨道中心处的磁感应强度；（2）电子绕核运动产生的磁矩。

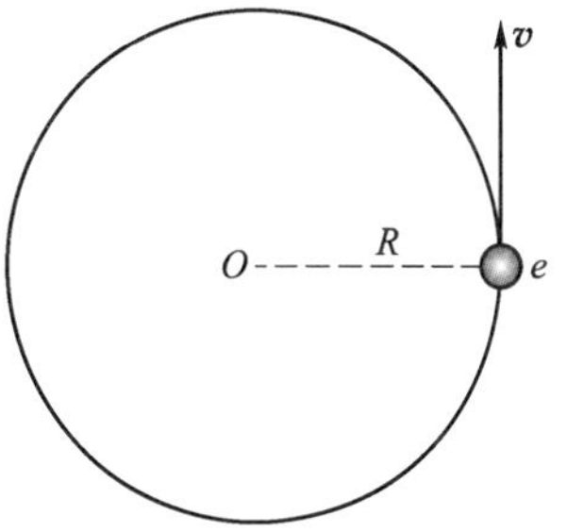

分析： 这道题有多种解法。解法一，可以利用运动电荷在空间中某点产生的磁场来求解。解法二，电子绕核做圆周运动，可以等效为载流圆环，根据载流圆环在圆心处产生的磁场，即可求得结果。

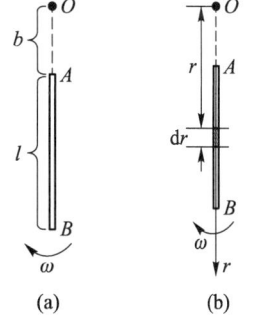

图 7-2

解：（1）解法一：利用运动电荷产生的磁场，

$$\boldsymbol{B} = \frac{\mu_0}{4\pi}\frac{q\boldsymbol{v}\times\boldsymbol{r}}{r^3}$$

磁感应强度的大小为

$$B = \frac{\mu_0}{4\pi}\frac{evR}{R^3} = \frac{\mu_0 ev}{4\pi R^2}$$

磁感应强度的方向为垂直于纸面向里。

解法二：利用等效电流法。电子绕核沿逆时针方向做圆周运动，等效的载流圆环为顺时针方向，大小为

$$I = \frac{e}{T} = \frac{ev}{2\pi R}$$

圆心处的磁感应强度大小为

$$B = \frac{\mu_0 I}{2R} = \frac{\mu_0 ev}{4\pi R^2}$$

磁场应强度的方向由右手螺旋定则确定，可知为垂直于纸面向里。

（2）求电子绕核运动产生的磁矩，只能用等效电流的方法。其对应磁矩大小为

$$m = IS = \frac{ev}{2\pi R}\cdot\pi R^2 = \frac{evR}{2}$$

磁矩的方向：垂直于纸面向里。

例题 3 如图 7-3（a）所示，有一长为 l、电荷线密度为 λ 的带电线段 AB，可绕距 A 端为 b 的 O 点顺时针旋转。设旋转角速度为 ω，转动过程中 A 端距 O 轴的距离保持不变，求：（1）O 点的磁感应强度；（2）旋转带电线段产生的磁矩。

分析： 利用例题 2 中的两种方法和叠加原理就可以求解本题。这里主要介绍等效电流的方法。利用微积分思想将带电线段分为许多微小线元，每个线元可以看成点电荷，这些线元绕 O 点做半径不同的圆周运动，都可以等效为载流圆环，则可知其在圆心处产生的磁场。再利用叠加原理，即可求得带电线段在 O 点产生的磁场。

图 7-3

解：（1）如图 7-3（b）所示建立坐标系，在 r 处取线元 dr，其电荷量为 $dq = \lambda dr$，其绕 O 点做圆周运动，等效电流为

$$\mathrm{d}I = \frac{\mathrm{d}q}{T} = \frac{\lambda\mathrm{d}r}{2\pi/\omega} = \frac{\lambda\omega\mathrm{d}r}{2\pi}$$

其在 O 点产生的磁感应强度大小为

$$\mathrm{d}B = \frac{\mu_0\mathrm{d}I}{2r} = \frac{\mu_0\lambda\omega\mathrm{d}r}{4\pi r}$$

方向为垂直于纸面向里。

整个带电线段在 O 点产生的磁感应强度大小为

$$B = \int\mathrm{d}B = \int_b^{l+b}\frac{\mu_0\lambda\omega\mathrm{d}r}{4\pi r} = \frac{\mu_0\lambda\omega}{4\pi}\ln\frac{l+b}{b}$$

方向为垂直于纸面向里。

（2）旋转的带电线元产生的磁矩大小为

$$\mathrm{d}m = s\mathrm{d}I = \frac{\lambda\omega r^2\mathrm{d}r}{2}$$

整个带电线段产生的磁矩大小为

$$m = \int\mathrm{d}m = \int_b^{l+b}\frac{\lambda\omega r^2\mathrm{d}r}{2} = \frac{1}{6}\lambda\omega\left[(l+b)^3 - b^3\right]$$

方向为垂直于纸面向里。

讨论： 对于磁感应强度的计算结果，若 $b\rightarrow 0$，则 $B\rightarrow\infty$，显然并不合理，有限的带电线段不能产生无限大的磁场。这里要注意，当 $b\rightarrow 0$ 时，靠近 O 点的线元 $\mathrm{d}r$ 不能看成点电荷，因此计算结果也就无意义了。

例题 4 如图 7-4（a）所示，一半径为 R 的均匀带电圆盘，其电荷面密度为 σ，以角速率 ω 绕通过圆心垂直于盘面的轴逆时针转动，求：（1）圆盘中心处的磁感应强度；（2）转动圆盘产生的磁矩。

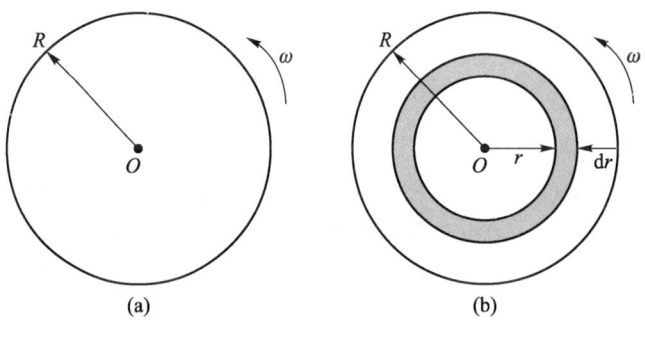

图 7-4

分析： 例题 2 是求运动的点电荷产生的磁场，例题 3 是求运动的线电荷产生的磁场，例题 4 是求运动的面电荷产生的磁场。解题思路与例题 3 一样，都是利用等效载流圆环和叠加原理。

解：（1）如图 7-4（b）所示，在 r 处取宽为 $\mathrm{d}r$ 的细圆环，其所带的电荷量为

$$\mathrm{d}q = \sigma\mathrm{d}s = \sigma\cdot 2\pi r\mathrm{d}r$$

等效的载流圆环的电流强度为

$$dI = \frac{dq}{T} = \frac{\sigma \cdot 2\pi r dr}{2\pi / \omega} = \omega \sigma r dr$$

载流圆环圆心处的磁感应强度大小为

$$dB = \frac{\mu_0 dI}{2r} = \frac{\mu_0 \omega \sigma dr}{2}$$

方向为垂直于纸面向外。

整个圆盘在圆心处的磁感应强度大小为

$$B = \int dB = \int_0^R \frac{\mu_0 \omega \sigma dr}{2} = \frac{\mu_0 \omega \sigma R}{2}$$

方向为垂直于纸面向外。

（2）等效载流圆环对应的磁矩大小为

$$dm = s dI = \pi r^2 \cdot \omega \sigma r dr = \pi \omega \sigma r^3 dr$$

整个圆盘转动后产生的磁矩大小为

$$m = \int dm = \int_0^R \pi \omega \sigma r^3 dr = \frac{1}{4} \pi \omega \sigma R^4$$

方向为垂直于纸面向外。

引申：同学们可以进一步思考：若电荷面密度为 σ 的均匀带电球面绕某一直径做圆周运动，则球心处的磁感应强度和磁矩大小分别为多大呢？

例题 5　如图 7-5（a）所示，半径为 R、通有电流强度 I 的半圆环，放在方向垂直于纸面向外的均匀磁场中，磁感应强度为 $\boldsymbol{B}$。求半圆环所受的安培力。

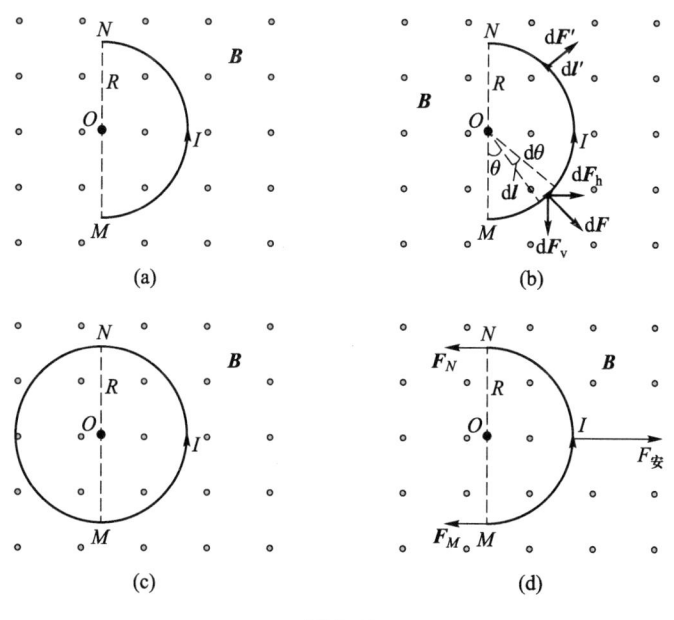

图 7-5

分析：本题是典型的求载流导线在磁场中受到的安培力的问题。解法一的思路是在载流导线上取一电流元，分析其受到的安培力，再利用叠加原理求得整个载流导线在磁场中受到的安培力。

解：

解法一：如图 7-5（b）所示，在半圆环上取电流元 $I\mathrm{d}l$，该电流元对应的半径与竖直方向夹角为 θ，其受到的安培力为

$$\mathrm{d}\boldsymbol{F} = I\mathrm{d}\boldsymbol{l} \times \boldsymbol{B}$$

安培力的大小为 $\mathrm{d}F = IB\mathrm{d}l$，安培力的方向为沿着径向向外。

由对称性分析，竖直方向的安培力最终叠加等于零，即安培力的合力最终为水平方向，故磁场对载流半圆环的安培力大小为

$$F = F_\mathrm{h} = \int_M^N \mathrm{d}F_\mathrm{h} = \int_M^N IB\sin\theta\,\mathrm{d}l = \int_0^\pi IB\sin\theta R\,\mathrm{d}\theta = 2RIB$$

安培力的方向为水平向右。

解法二：充分利用均匀磁场的特点，

$$\boldsymbol{F} = \int_M^N I\mathrm{d}\boldsymbol{l} \times \boldsymbol{B} = I\left(\int_M^N \mathrm{d}\boldsymbol{l}\right) \times \boldsymbol{B} = I\boldsymbol{l}_{MN} \times \boldsymbol{B}$$

其中 $\boldsymbol{l}_{MN}$ 表示从 M 到 N 的矢量，这样很容易得出载流半圆环在均匀磁场中受到的安培力大小为 $F = 2RIB$，方向为水平向右。

引申：如图 7-5（c）所示，半径为 R、电流强度为 I 的平面载流线圈，放在均匀磁场中，磁感应强度为 $\boldsymbol{B}$，$\boldsymbol{B}$ 的方向垂直于纸面向外，求：（1）载流圆环所受的安培力；（2）载流圆环上任一点的张力。

解析：（1）可以充分利用均匀磁场对载流导线作用力的特点，求得闭合载流圆环受到的安培力为零；

（2）求载流圆环上任一点的张力时，可以取半圆环分析。如图 7-5（d）所示，半圆环共受到三个力的作用，M、N 两处导线的张力 $\boldsymbol{F}_M$ 和 $\boldsymbol{F}_N$，以及半圆环受到的安培力 $\boldsymbol{F}_{安}$，由对称性这两个张力的方向都是向左的，大小相等，即

$$F_M = F_N$$

由于整个圆环受到的合外力（安培力）等于零，圆环将处于平衡状态，故半圆环受到的合外力也应该等于零，所以有

$$F_M + F_N = F_{安}$$

而由前面的分析可知

$$F_{安} = 2RIB$$

所以，载流圆环上任一点的张力大小为

$$F = F_M = F_N = BIR$$

五、习题

（一）选择题

1. 下列有关电动势与电势的概念正确的是（　　）。

A. 电动势和电势一样，都是静电场对某一路径的积分

B. 电动势和电势一样，都是非静电场对某一路径的积分

C. 电动势是静电场对某一路径的积分，电势是非静电场对某一路径的积分

D. 电动势是非静电场对某一路径的积分，电势是静电场对某一路径的积分

2. 已知铜的摩尔质量为 M，密度为 ρ，在铜导线里，假设每一个铜原子贡献出一个自

由电子，为了技术上的安全，铜导线内最大电流密度为 j_m，已知阿伏伽德罗常量为 N_A，则此时铜导线内电子的漂移速率 v_d 为（   ）。

A. $\dfrac{j_m N_A}{M \rho e}$

B. $\dfrac{j_m M}{N_A \rho e}$

C. $\dfrac{\rho j_m}{N_A M e}$

D. $\dfrac{j_m e}{N_A M \rho}$

3. 假设带电粒子在磁场以速度 $\boldsymbol{v}$ 运动，下面关于磁场方向的判断正确的是（   ）。

A. 带电粒子在磁场中运动不受力时，其运动方向即该点磁场的方向

B. 带正电荷的粒子在磁场中运动不受力时，其运动方向即该点磁场的方向

C. 带正电荷的粒子在磁场中运动时受到的磁力最大为 $\boldsymbol{F}_{max}$，则磁场的方向为 $\boldsymbol{F}_{max} \times \boldsymbol{v}$ 的方向

D. 带正电荷的粒子在磁场中运动时受到的磁力最大为 $\boldsymbol{F}_{max}$，则磁场的方向为 $\boldsymbol{v} \times \boldsymbol{F}_{max}$ 的方向

4. 在一个电视显像管中，电子束由北向南运动。若该处地球磁场的垂直分量向下，则电子束的运动将（   ）。

A. 向西略有偏转

B. 向东略有偏转

C. 不发生偏转

D. 向东北方向略有偏转

5. 一条长直导线载有电流强度为 $I = 1.5\,A$ 的电流，某时刻一电子以 $5 \times 10^6\,m/s$ 的速度平行于该导线运动，距此导线 $0.1\,m$，已知 $\mu_0 = 4\pi \times 10^{-7}\,N/A^2$，则此时运动电子所受到的洛伦兹力的大小为（   ）。

A. 0

B. $2.4 \times 10^{-17}\,N$

C. $2.4 \times 10^{-18}\,N$

D. $1.2 \times 10^{-18}\,N$

6. 如图 7-6 所示，有半径为 R 的载流圆环与边长为 a 的正方形线圈，已知 $R : a = \sqrt{2}\pi : 8$，若两线圈中心 O_1 与 O_2 处的磁感应强度之比为 1:2，则载流圆环与正方形线圈所通电流的电流强度之比为（   ）。

A. 4:1

B. 2:1

C. 1:1

D. 1:2

7. 如图 7-7 所示，有一半径为 R 的无限长导体薄管，其厚度忽略不计，沿其轴向割去一宽度为 h 的无限长窄条，其中 $h \ll R$。在管壁上沿轴向通以均匀分布的电流，设电流强度为 i，则管轴线上磁感应强度大小约为（   ）。

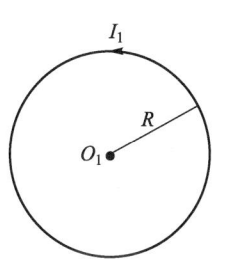 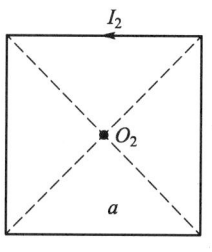 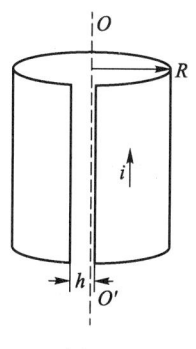

图 7-6

图 7-7

A. $\dfrac{\mu_0 ih}{2\pi R}$ B. $\dfrac{\mu_0 ih}{4\pi R}$

C. $\dfrac{\mu_0 ih}{2\pi^2 R^2}$ D. $\dfrac{\mu_0 ih}{4\pi^2 R^2}$

8. 下列有关恒定磁场的安培环路定理说法正确的是（　　）。

A. 磁感应强度沿闭合回路的积分不为零时，回路上任意一点的磁感应强度一定都不等于零

B. 磁感应强度沿闭合回路的积分不为零时，穿过回路的电流代数和一定不为零

C. 磁感应强度沿闭合回路的积分为零时，穿过回路的传导电流代数和一定为零

D. 磁感应强度沿闭合回路的积分为零时，回路上任意一点的磁感应强度一定都等于零

9. 如图 7-8 所示，在一个横截面处处相等的铁环上，沿径向接两根直导线 ab 和 cd，两直导线之间的夹角为 90°，电流强度为 I 的恒定电流从 a 端流入并从 d 端流出，则磁感应强度沿图中闭合路径 L 的积分为（　　）。

A. $\mu_0 I$ B. $\dfrac{1}{3}\mu_0 I$

C. $\dfrac{1}{2}\mu_0 I$ D. $\dfrac{3}{4}\mu_0 I$

10. 如图 7-9 所示，在 $x \geqslant 0$ 的区域有一磁感应强度为 $\boldsymbol{B}$ 的均匀磁场，磁场方向垂直于纸面向里。现有一个质量为 m、电荷量为 $+q$ 的带电粒子，以速度 $\boldsymbol{v}$ 沿 x 轴从坐标原点 O 进入均匀磁场，则它离开磁场时的 y 轴坐标为（　　）。

A. $\dfrac{mv}{qB}$ B. $\dfrac{2mv}{qB}$

C. $-\dfrac{2mv}{qB}$ D. $-\dfrac{mv}{qB}$

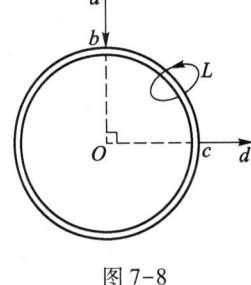   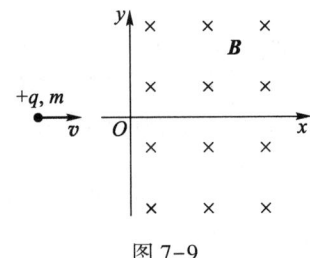

图 7-8   图 7-9

（二）填空题

1. 三条平行的无限长直导线，垂直通过边长为 a 的正三角形顶点，每条导线中的电流强度都是 I，方向如图 7-10 所示，则这三条直导线在正三角形中心 O 点产生的磁感应强度大小为（　　）。

2. 一通有电流 $I = 1\,\mathrm{A}$ 的导线弯折成如图 7-11 所示的形状，图中 $ACDO$ 是边长为 $b = 2\,\mathrm{m}$ 的正方形，圆 O 的半径为 $a = 1\,\mathrm{m}$，则圆心 O 处的磁感应强度大小为（　　）T。

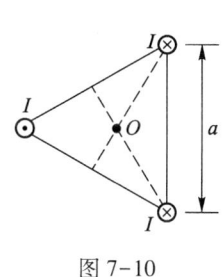

图 7-10

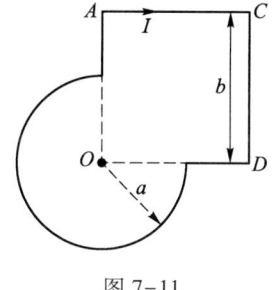

图 7-11

3. 通有电流 I 的无限长导线弯成如图 7-12 所示的形状,其中半圆弧的半径为 a,则半圆弧圆心 O 点的磁感应强度大小为 （   ）。

4. 已知地球半径为 $R = 6\,378\,\text{km}$,北极地磁场磁感应强度的大小为 $B = 6.0 \times 10^{-5}\,\text{T}$,假设此地磁场是由地球赤道上一圆电流所激发的,则此电流为 （   ） A。

5. 设半径为 10 cm 的均匀带电薄圆盘,其电荷面密度为 $0.1\,\text{C/m}^2$,以角速度 $\omega = 2\,\text{rad/s}$ 绕通过盘心且垂直于盘面的轴做匀速率转动,则此圆盘对应的磁矩大小为 （   ）。

6. 假设一电子以某一速度垂直射入磁感应强度为 2 T 的均匀磁场,在洛伦兹力的作用下做匀速圆周运动,则其等效圆电流的大小为 （   ）。

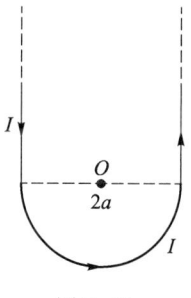

图 7-12

7. 如图 7-13 所示,设有两无限大平行载流平面,其上通有相反方向的电流,电流密度为 $j = 1\,\text{A/m}$。（电流密度 j 的定义:垂直于电流方向单位长度通过的电流强度。）两平面之间任意点的磁感应强度的大小为 （   ）。

8. 若回旋加速器的磁感应强度减为原来的一半,轨道半径增大到原来的 2 倍,则加速粒子的动能变为原来的 （   ） 倍。

9. 在霍尔效应实验中,半导体的长为 5.0 cm、宽为 2.5 cm、厚为 0.2 cm。沿长度方向载有 $I = 5.0\,\text{A}$ 的电流,沿厚度方向有一磁感应强度大小为 $B = 1.0\,\text{T}$ 的磁场时,产生的霍尔电压为 $U_\text{H} = 1.0 \times 10^{-5}\,\text{V}$,则该半导体载流子的漂移速率为 （   ） m/s。

10. 如图 7-14 所示,在均匀磁场 $\boldsymbol{B}$ 中有一边长为 $4a$ 的等边三角形载流线圈。线圈中通有电流 I。若以等边三角形的中垂线 OO' 为轴,此线圈受到的磁力矩的大小为 （   ）。

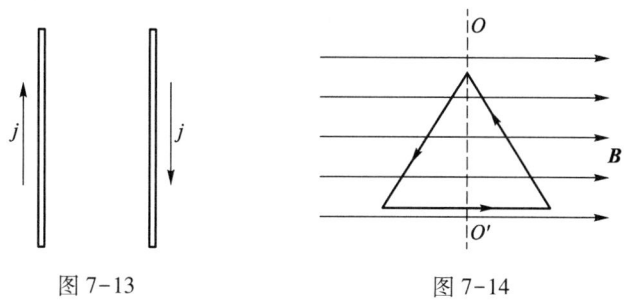

图 7-13   图 7-14

（三）计算题

1. 如图 7-15 所示,电流强度 $I = 1\,\text{A}$ 的电流由长直导线 1 沿对角线 AC 方向经 A 点流入一边长为 1 m、电阻均匀分布的正方形导线框，再由 D 点沿对角线 BD 方向流出，经长直导线 2 返回电源。求 O 点总磁感强度的大小。（注意：结果保留整数。）

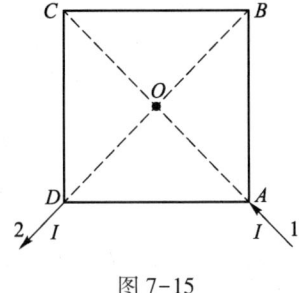

图 7-15

2. 如图 7-16 所示，AB、CD 为长直导线，BC 为圆心在 O 点、半径为 $R = 0.5$ m 的一段圆弧形导线，圆弧所张的角度为 60°。若通以电流 $I = 2$ A，求 O 点的磁感应强度的大小。

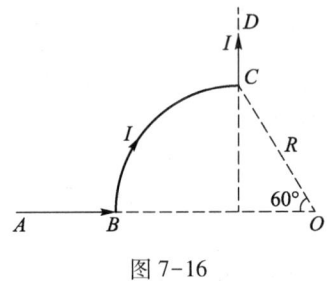

图 7-16

3. 用两根彼此平行的长直导线将半径为 R 的均匀导体圆环连到电源上，如图 7-17 所示，b 点为切点，求 O 点的磁感应强度。

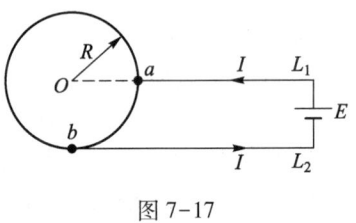

图 7-17

4. 在真空中，将一根无限长载流导线弯成如图 7-18 所示的形状，并通以电流 I，求 O 点的磁感应强度。

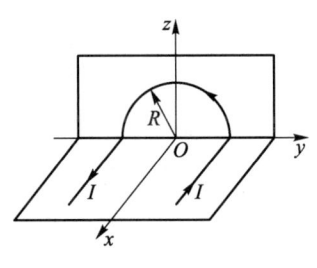

图 7-18

5. 如图 7-19 所示，在 Oxz 平面内有一宽度为 $2a$ 的无限长载流平面（$-a \leqslant x \leqslant a$），沿 z 轴正方向通有电流强度大小为 I 的电流，假设电流是均匀分布的。求：（1）x 轴上 $x=2a$ 处的磁感应强度；（2）y 轴上 $y=a$ 处的磁感应强度。

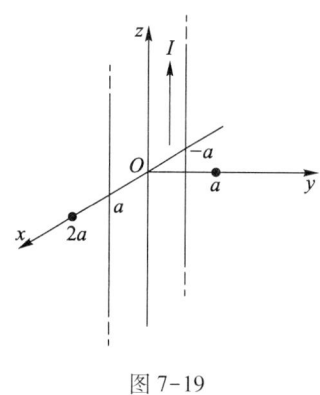

图 7-19

6. 如图 7-20 所示，有一根半径为 R 的无限长圆柱形导体，在距离轴线 d 处有一半径为 R' 的圆柱形空腔，其轴与直导体的轴平行。若在直导体上沿轴向均匀通有电流强度为 I 的电流，求空腔中任意一点的磁感应强度。

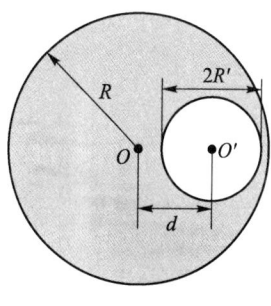

图 7-20

7. 从经典观点来看，氢原子可看成一个电子绕原子核高速旋转的体系。假设电子的轨道角动量为 $L=\dfrac{h}{2\pi}$，半径为 $r=5\times10^{-11}$ m，求原子核所在处的磁感应强度大小。

8. 取无限远处为电势零点，半径为 R 的均匀带电球面的电势为 U，现带电球面绕某一直径以角速度 ω 匀速转动，求球心处的磁感应强度大小。

9. 如图 7-21 所示，已知通有电流 I_1 的无限长载流直导线与通有电流 I_2 的矩形载流线圈 $ABCD$ 在同一平面内，AB 边到长直导线的距离为 a。矩形载流线圈的尺寸如图所示。求矩形线圈受到无限长载流直导线的作用力的大小和方向。

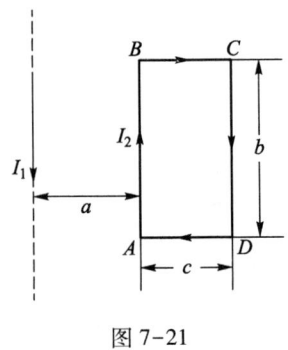

图 7-21

10. 如图 7-22 所示，一通有电流 I_1 的长直导线与通有电流 I_2 的等腰梯形导线框 $ABCD$ 共面。已知 AB 边的长为 c，AB 边与长直导线平行，到长直导线的距离为 a；梯形高为 b，BC、AD 边的倾斜角为 α。试求：（1）梯形线框中 AB 边所受载流直导线作用力的大小；（2）梯形线框中 BC 边所受载流直导线作用力的大小；（3）整个梯形线框（$ABCDA$）所受载流直导线作用力的大小。

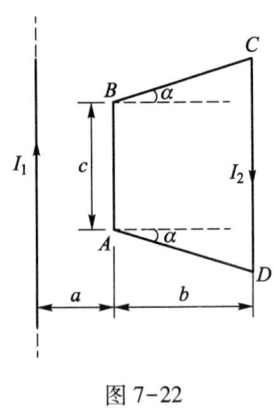

图 7-22

11. 如图 7-23 所示，质量均匀分布的导线框 $abcd$ 置于磁感应强度大小为 B、方向竖直向上的均匀磁场中，线框可绕 AA' 轴转动，已知导线的线密度为 λ，ab 长为 l_1，bc 长为 l_2，通过的电流强度为 I。求导线通电后达到稳定平衡时转过的角度 θ。

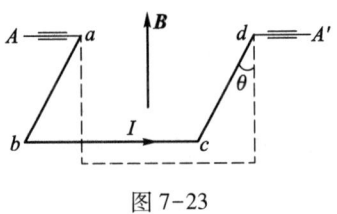

图 7-23

98

12. 如图 7-24 所示，一同轴长电缆由两部分导体组成，内层是半径为 R_1 的圆柱形导体，外层是内、外半径分别为 R_2 和 R_3 的圆筒，两导体上通以等值反向的电流，内部圆柱体电流均匀分布在横截面上，导体磁导率均为 μ_1，在两导体之间充满磁导率为 μ_2 的不导电均匀介质。求各区域中磁感应强度 B 的分布。

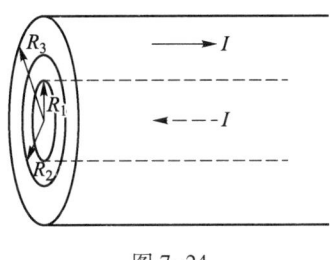

图 7-24

第八章 电 磁 感 应

一、基本要求

(一) 掌握

1. 法拉第电磁感应定律;
2. 动生电动势;
3. 感生电动势;
4. 自感与互感;
5. 磁场能量;
6. 位移电流、麦克斯韦方程组（积分形式）。

(二) 理解

1. 楞次定律;
2. 涡电流;
3. 电子感应加速器;
4. 麦克斯韦方程组（微分形式）。

(三) 了解

1. 电磁场;
2. 电磁波。

二、思维导图

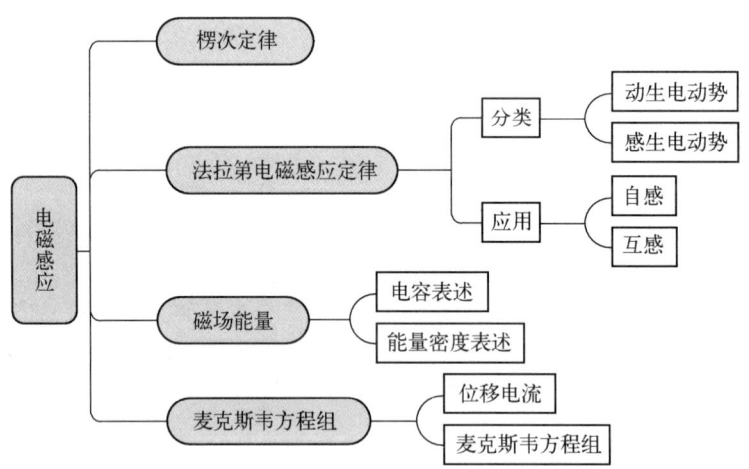

三、主要知识点

1. 电磁感应现象

当一闭合导体回路所包围面积内的磁通量发生变化时，回路中就会产生电流，这一现象被称为电磁感应现象。这种电流被称为感应电流，驱动感应电流的电动势称为感应电动势。

2. 楞次定律

楞次定律可用来判断感应电流方向的规律。其表述为

（1）感应电流的效果总是反抗产生这个电流的原因；

（2）感应电流的效果总是力图保持原磁通量不变，即感应电流产生的磁场总要阻碍引起感应电流的磁通量的变化。

说明： 楞次定律实际上是能量守恒定律在电磁学中的体现。

3. 法拉第电磁感应定律

$$\mathscr{E} = -\frac{\mathrm{d}\Phi}{\mathrm{d}t} \tag{8-1}$$

一个闭合回路上的感应电动势等于穿过该回路包围面积的磁通量对时间的变化率的负值。式中，Φ 为穿过回路所包围的任意曲面的磁通量，负号是楞次定律的体现。

说明：

（1）根据形成原因，可以把感应电动势分为动生电动势和感生电动势。

（2）电动势的回路正方向的约定。

① 回路正方向可以任意选取；

② 回路正方向即电动势的正方向；

③ 面法线方向与回路正方向成右手螺旋关系。

（3）在 $t_1 \rightarrow t_2$ 时间间隔内，穿过导体回路横截面的感应电荷量 q 只与回路磁通量的变化量有关，

$$q = -\frac{1}{R}(\Phi_1 - \Phi_2) \tag{8-2}$$

式中，R 为回路的总电阻，Φ_1、Φ_2 分别为 t_1 和 t_2 时刻通过回路包围曲面的磁通量。

（4）N 匝回路串联时，其感应电动势为

$$\mathscr{E} = -\left(\frac{\mathrm{d}\Phi_1}{\mathrm{d}t} + \frac{\mathrm{d}\Phi_2}{\mathrm{d}t} + \cdots + \frac{\mathrm{d}\Phi_N}{\mathrm{d}t}\right) = -\frac{\mathrm{d}\left(\sum\limits_i \Phi_i\right)}{\mathrm{d}t} = -\frac{\mathrm{d}\psi}{\mathrm{d}t} \tag{8-3}$$

其中，$\psi = \sum\limits_i \Phi_i$ 叫作磁链。当 N 匝相同的线圈密绕时，$\psi = N\Phi$，

$$\mathscr{E} = -\frac{\mathrm{d}\psi}{\mathrm{d}t} = -N\frac{\mathrm{d}\Phi}{\mathrm{d}t} \tag{8-4}$$

4. 动生电动势

磁场的磁感应强度不变，导体在磁场中切割磁感线时产生的电动势，表达式为

$$\mathscr{E}_{ab} = \int_a^b (\boldsymbol{v} \times \boldsymbol{B}) \cdot \mathrm{d}\boldsymbol{l} \tag{8-5}$$

说明：

（1）式（8-5）对任意形状的导线或回路，在任意非均匀磁场中，以任意方式运动都适用。

（2）动生电动势的方向：当 $\mathscr{E}_{ab} > 0$ 时，电动势的方向为由 a 指向 b；当 $\mathscr{E}_{ab} < 0$ 时，电动势的方向为由 b 指向 a。

（3）产生动生电动势的非静电力为洛伦兹力。

5. 感生电动势

当磁场的磁感应强度随时间发生变化时，在其周围空间产生电场，这种电场与导体无关，即使无导体存在，只要磁场变化，就有这种电场存在。该电场称为感生电场或涡旋电场，记为 E_v。

由电动势定义可知，感生电动势为

$$\mathscr{E} = \oint_l E_v \cdot dl \tag{8-6}$$

根据法拉第电磁感应定律，有

$$\mathscr{E} = -\frac{d\Phi}{dt} = -\int_s \frac{\partial B}{\partial t} \cdot dS \tag{8-7}$$

所以有

$$\mathscr{E} = \oint_l E_v \cdot dl = -\int_s \frac{\partial B}{\partial t} \cdot dS \tag{8-8}$$

说明：（1）涡旋电场对电荷的作用力是产生感生电动势的非静电力。

（2）只要磁场随时间发生变化，就会在空间产生感生电动势；但要形成感应电流，除了磁场发生变化，还需要有闭合导体回路。

6. 涡旋电场与静电场的比较

（1）相同点。

① 对电荷都有力的作用；

② 都具有能量。

（2）不同点。

不 同 点	静 电 场	涡 旋 电 场
激发方式	静止电荷产生的电场	变化磁场产生的电场
环路定理	$\oint_l E_{静} \cdot dl = 0$	$\oint_l E_v \cdot dl = -\int_s \frac{\partial B}{\partial t} \cdot dS$
高斯定理	$\oint_s E_{静} \cdot dS = \frac{1}{\varepsilon_0} \sum q_i$	$\oint_s E_v \cdot dS = 0$
电场线	不闭合曲线	闭合曲线

7. 自感

由于回路中电流发生变化而在本身回路中产生感应电动势的现象称为自感现象，该电动势称为自感电动势。

（1）自感系数。

自感系数的定义为

$$L = \frac{\psi}{I} \tag{8-9}$$

上式的物理意义是：回路的自感系数等于回路中通过单位电流时，穿过回路的磁链。在国际单位制（SI）中，L 的单位为亨利，符号为 H。

说明： ① 自感系数 L 与几何因素及磁介质有关；

② 无铁磁质时，自感系数 L 与电流 I 无关。

（2）自感电动势。

当回路中的电流随时间发生变化时，回路中产生的自感电动势为

$$\mathscr{E} = -L\frac{\mathrm{d}I}{\mathrm{d}t} \tag{8-10}$$

由此，也可以导出自感系数的另一种定义方式：

$$L = -\frac{\mathscr{E}}{\mathrm{d}I/\mathrm{d}t} \tag{8-11}$$

说明： ① 式（8-10）中的负号是楞次定律的体现，表明自感电动势总是反抗回路中电流的变化；

② 由式（8-11）可知，回路的自感系数在数值上等于当电流随时间的变化率为一个单位时，回路中自感电动势的大小；

③ 自感系数反映了线圈反抗电流变化的能力，是一种"电惯性"的表现，即自感系数越大，回路中电流越难改变。

（3）自感系数的计算方法。

求解自感系数的步骤大致如下：

① 先假设回路中通有电流 I；

② 求出回路产生的磁感应强度 $\boldsymbol{B}$；

③ 求出通过回路的磁链 $\boldsymbol{\Psi}$；

④ 根据式（8-9）求出回路的自感系数 L。

8. 互感

当一个导体回路中的电流变化时，引起周围另一个回路中产生感应电动势的现象，称为互感现象。

（1）互感系数。

如图 8-1 所示，通过线圈 1 的电流为 I_1，其产生的磁场为 $\boldsymbol{B}_1$，在线圈 2 中产生的磁链为 $\boldsymbol{\Psi}_{21}$。由于 $\boldsymbol{\Psi}_{21}$ 正比于 $\boldsymbol{B}_1$ 的大小，而 $\boldsymbol{B}_1$ 的大小正比于 I_1，所以可以定义线圈 1 对线圈 2 的互感系数为

$$M_{21} = \frac{\Psi_{21}}{I_1} \tag{8-12}$$

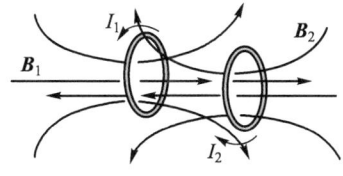

图 8-1

同理，可以定义线圈 2 对线圈 1 的互感系数为

$$M_{12} = \frac{\Psi_{12}}{I_2} \qquad (8-13)$$

理论和实验可以证明，$M_{12} = M_{21} = M$。在 SI 中，M 的单位为 H。

（2）互感电动势。

当通过线圈 1 的电流 I_1 随时间发生变化时，其产生的磁场 $\boldsymbol{B}_1$ 会发生变化，在线圈 2 中产生的磁链 Ψ_{21} 也会随时间发生变化。由法拉第电磁感应定律可知，线圈 2 中会产生感应电动势，

$$\mathscr{E}_{21} = -\frac{\mathrm{d}\Psi_{21}}{\mathrm{d}t} = -\left(M \frac{\mathrm{d}I_1}{\mathrm{d}t} + I_1 \frac{\mathrm{d}M}{\mathrm{d}t} \right) \qquad (8-14)$$

当回路大小、回路形状、磁介质、线圈相对位置不变时，互感系数不随时间发生变化，有

$$\mathscr{E}_{21} = -M \frac{\mathrm{d}I_1}{\mathrm{d}t} \qquad (8-15)$$

同理，当通过线圈 2 的电流 I_2 随时间发生变化时，在线圈 1 中产生的磁链 Ψ_{12} 会随时间发生变化，则线圈 1 中产生的感应电动势为

$$\mathscr{E}_{12} = -M \frac{\mathrm{d}I_2}{\mathrm{d}t} \qquad (8-16)$$

式（8-15）和（8-16）也可以作为互感系数的定义：

$$M = -\frac{\mathscr{E}_{21}}{\mathrm{d}I_1/\mathrm{d}t} = -\frac{\mathscr{E}_{12}}{\mathrm{d}I_2/\mathrm{d}t} \qquad (8-17)$$

说明：① 无铁磁质时，M 与两个线圈中的电流无关，只与线圈的形状、大小、匝数、相对位置及周围磁介质有关；

② 由式（8-12）和式（8-13）可知，M 在数值上等于其中一个线圈通有单位电流时在另外一个线圈中通过的磁链；

③ 由式（8-17）可知，M 在数值上等于其中一个线圈中的电流随时间的变化率为一个单位时，在另一个线圈中产生的互感电动势的大小。

（3）互感系数的计算方法。

求解互感系数的步骤大致如下：

① 先假设回路 1 中通有电流 I_1；

② 求出回路 1 产生的磁感应强度 $\boldsymbol{B}_1$ 的分布；

③ 求出通过回路 2 的磁链 Ψ_{21}；

④ 根据式（8-12）求出回路的自感系数 M。

9. 磁场能量

（1）线圈中储存的磁场能量。

若线圈中通有的电流为 I，线圈的自感系数为 L，则储存的磁场能量为

$$W_{\mathrm{m}} = \frac{1}{2}LI^2 \qquad (8-18)$$

（2）磁场能量。

凡是存在磁场的空间都具有磁场能量，磁场能量密度为

$$w_{\mathrm{m}} = \frac{1}{2}\frac{B^2}{\mu} = \frac{1}{2}\mu H^2 = \frac{1}{2}BH \qquad (8\text{-}19)$$

磁场的总能量为

$$W_{\mathrm{m}} = \int_V w_{\mathrm{m}}\mathrm{d}V = \int_V \frac{1}{2}\frac{B^2}{\mu}\mathrm{d}V \qquad (8\text{-}20)$$

说明： ① 式（8-18）对任意线圈均成立；

② 式（8-19）和式（8-20）对任意磁场均成立。

10. 位移电流

麦克斯韦提出两个基本假设：（1）涡旋电场；（2）位移电流。位移电流是变化电场产生的，其大小等于电位移通量随时间的变化率。

$$I_{\mathrm{d}} = \frac{\mathrm{d}\psi_D}{\mathrm{d}t} \qquad (8\text{-}21)$$

式中，$\psi_D = \int_S \boldsymbol{D} \cdot \mathrm{d}\boldsymbol{S}$ 为电位移通量。

根据电流强度和电流密度的关系，可知位移电流密度为

$$\boldsymbol{j}_{\mathrm{d}} = \frac{\partial \boldsymbol{D}}{\partial t} \qquad (8\text{-}22)$$

注意： 位移电流和传导电流的比较。

（1）相同点：都能产生磁场，且激发磁场的规律相同。

（2）不同点。

不同点	传导电流	位移电流
形成原因	电荷定向移动	变化电场
条件	需要导线或导体	不需要导线、真空也行
热效应	产生焦耳热	不产生焦耳热

11. 全电流的安培环路定理

（1）全电流。

传导电流和位移电流的总和称为全电流，

$$I = I_{\mathrm{c}} + I_{\mathrm{d}} \qquad (8\text{-}23)$$

说明： 全电流总是连续的。

（2）全电流的安培环路定理。

$$\oint_l \boldsymbol{H} \cdot \mathrm{d}\boldsymbol{l} = \sum (I_{\mathrm{c}} + I_{\mathrm{d}}) \qquad (8\text{-}24)$$

12. 麦克斯韦方程组

考虑麦克斯韦的两个基本假设，一般情况下，电场可能包括静电场和涡旋电场；磁场既包括传导电流产生的磁场也包括位移电流产生的磁场。所以，电磁规律可由下面四个方程来描述。

$$\begin{cases} \oint_S \boldsymbol{D} \cdot \mathrm{d}\boldsymbol{S} = \sum q_{\mathrm{f}} \\[2mm] \oint_l \boldsymbol{E} \cdot \mathrm{d}\boldsymbol{l} = -\int_S \frac{\partial \boldsymbol{B}}{\partial t} \cdot \mathrm{d}\boldsymbol{S} \\[2mm] \oint_S \boldsymbol{B} \cdot \mathrm{d}\boldsymbol{S} = 0 \\[2mm] \oint_l \boldsymbol{H} \cdot \mathrm{d}\boldsymbol{l} = \int_S \left(\boldsymbol{j}_{\mathrm{c}} + \frac{\partial \boldsymbol{D}}{\partial t} \right) \cdot \mathrm{d}\boldsymbol{S} \end{cases} \tag{8-25}$$

四、典型例题解析

例题 1 如图 8-2（a）所示，在磁导率为 μ 的介质中，长直导线与 N 匝矩形回路共面，已知长直导线中通的电流为 $I = I_0 \sin \omega t$，其中 I_0 和 ω 是大于零的常量。求 N 匝矩形回路中的感应电动势。

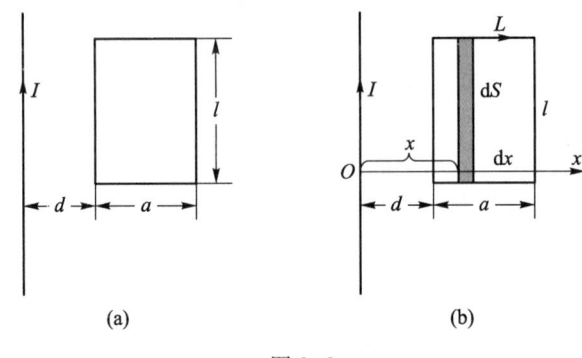

(a)   (b)

图 8-2

分析：由于长直导线的电流随时间发生变化，所以其产生的磁场也会随时间发生变化，进而导致矩形回路的磁通量发生变化，从而产生感应电动势。所以这道题可以由法拉第电磁感应定律来求解。首先要求出 N 匝矩形回路的磁链，而要求出磁链就应该先求出长直导线在空间中产生的磁场分布。长直导线在空间中产生的磁场可由安培环路定理求得；由于有介质，所以这里应该用介质中的安培环路定理来求解。

解：建立坐标系如图 8-2（b）所示，对任意时刻 t 来分析，由介质中的安培环路定理可得，长直导线在 x 处产生的磁场的磁感应强度为

$$B = \frac{\mu I}{2\pi x} = \frac{\mu I_0 \sin \omega t}{2\pi x}$$

选顺时针为回路的绕行正方向，则通过 x 处宽为 $\mathrm{d}x$ 的面元 $\mathrm{d}S = l\mathrm{d}x$ 的磁通量为

$$\mathrm{d}\Phi_{\mathrm{m}} = \boldsymbol{B} \cdot \mathrm{d}\boldsymbol{S} = \frac{\mu I_0 \sin \omega t}{2\pi x} l\mathrm{d}x$$

通过 N 匝矩形回路的磁链为

$$\psi = N \int \mathrm{d}\Phi_{\mathrm{m}} = N \int_d^{a+d} \frac{\mu I_0 \sin \omega t}{2\pi x} l\mathrm{d}x = \frac{N\mu I_0 \sin \omega t}{2\pi} l \ln \frac{a+d}{d}$$

所以，N 匝矩形回路的感应电动势为

$$\mathscr{E} = -\frac{\mathrm{d}\psi}{\mathrm{d}t} = -\frac{N\mu I_0 \omega}{2\pi}\left(\ln\frac{a+d}{d}\right)\cos\omega t$$

注意： 由上式可知，电动势随时间按余弦函数变化，所以电动势的方向也随余弦值的正负作逆时针、顺时针方向变化。

例题 2 如图 8-3（a）所示，有一磁感应强度大小为 B，方向沿 z 轴正方向的均匀磁场。一长为 L 的导体棒 ab 与 z 轴夹角为 α，现以角速度 ω 绕 z 轴转动，求导体棒 ab 的电动势。

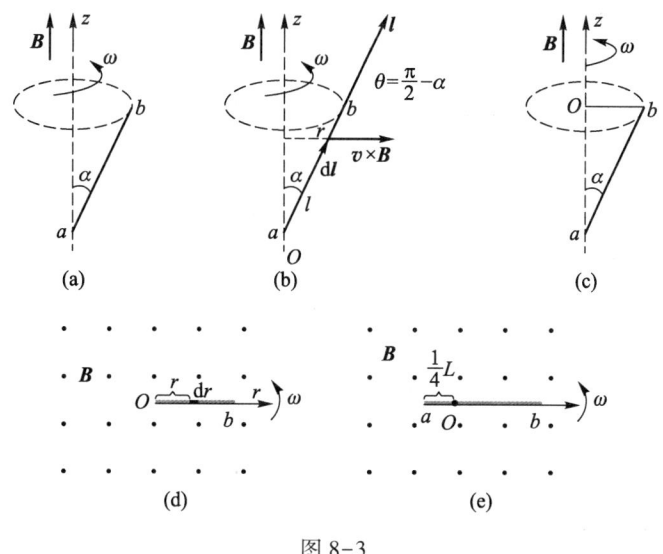

图 8-3

分析： 本题磁场不变，导体棒在磁场中运动产生动生电动势。由于导体棒 ab 中每一线元的运动速度大小不同，因此需要利用微积分的思想，将导体棒 ab 分成许多小的线元，先计算每个线元产生的电动势，然后再用叠加原理计算总的电动势。

解： 方法一：建立坐标系 Ol 轴如图 8-3（b）所示，在 l 处取 $\mathrm{d}l$ 分析，其绕 z 轴做半径为 $r = l\sin\alpha$ 的圆周运动，速度大小为 $r\omega$，假设此刻方向垂直于纸面向里。根据动生电动势的公式，有

$$\mathrm{d}\mathscr{E} = (\boldsymbol{v}\times\boldsymbol{B})\cdot\mathrm{d}\boldsymbol{l} = vB\mathrm{d}l = B\omega l\sin^2\alpha\mathrm{d}l$$

所以，导体棒 ab 的电动势为

$$\mathscr{E}_{ab} = \int_a^b(\boldsymbol{v}\times\boldsymbol{B})\cdot\mathrm{d}\boldsymbol{l} = \int_0^L B\omega l\sin^2\alpha\mathrm{d}l = \frac{1}{2}B\omega L^2\sin^2\alpha$$

由于 $\mathscr{E}_{ab} > 0$，所以电动势的方向为由 a 指向 b 的方向，b 点电势高。

方法二：过 b 点作 bO 垂直于 z 轴，如图 8-3（c）所示。对于回路 $abOa$，由法拉第电磁感应定律，

$$\mathscr{E}_{abOa} = -\frac{\mathrm{d}\Phi_\mathrm{m}}{\mathrm{d}t} = 0$$

而回路的总电动势等于三段路径的电动势之和，即

$$\mathscr{E}_{abOa} = \mathscr{E}_{ab} + \mathscr{E}_{bO} + \mathscr{E}_{Oa}$$

由于 Oa 段没有运动，不产生电动势，故有

$$\mathscr{E}_{ab} = -\mathscr{E}_{bO} = \mathscr{E}_{Ob}$$

相对而言 Ob 段的电动势比较容易求解。沿着 z 轴俯视图看，Ob 段在均匀磁场中绕着 O 点做逆时针方向的转动，建立坐标系 Or 轴如图 8-3（d）所示。在 r 处取线元 $\mathrm{d}r$，由动生电动势的公式可得

$$\mathscr{E}_{Ob} = \int_{O}^{b} (\boldsymbol{v} \times \boldsymbol{B}) \cdot \mathrm{d}\boldsymbol{l} = \int_{0}^{L\sin\alpha} B\omega r \mathrm{d}r = \frac{1}{2}B\omega L^{2}\sin^{2}\alpha$$

电动势的方向为由 O 指向 b 的方向。

引申： 如图 8-3（e）所示，在均匀磁场中，一长为 L 的导体棒 ab 垂直放置于磁场中，以角速度 ω 绕过 O 点且与磁场方向平行的轴做定轴转动，已知 $Oa = \dfrac{L}{4}$。求：（1）导体棒 ab 的电动势 $\mathscr{E}_{ab}$；（2）ab 两点之间的电势差 U_{ab}。

解析：（1）这个问题可以直接根据前面的例题来分析，将导体棒 ab 分成 Oa 和 Ob 两部分，其电动势分别为

$$\mathscr{E}_{Oa} = \frac{1}{2}B\omega\left(\frac{L}{4}\right)^{2} = \frac{1}{32}B\omega L^{2}$$

$$\mathscr{E}_{Ob} = \frac{1}{2}B\omega\left(\frac{3L}{4}\right)^{2} = \frac{9}{32}B\omega L^{2}$$

所以，导体棒 ab 的电动势为

$$\mathscr{E}_{ab} = \mathscr{E}_{aO} + \mathscr{E}_{Ob} = -\mathscr{E}_{Oa} + \mathscr{E}_{Ob} = -\frac{1}{32}B\omega L^{2} + \frac{9}{32}B\omega L^{2} = \frac{1}{4}B\omega L^{2}$$

（2）ab 两点之间的电势差为

$$U_{ab} = U_{a} - U_{b} = -\mathscr{E}_{ab} = -\frac{1}{4}B\omega L^{2}$$

例题 3 如图 8-4（a）所示，在一圆柱形空间中，充满沿轴线方向的均匀磁场，其磁感应强度大小随时间均匀变化，$\dfrac{\mathrm{d}B}{\mathrm{d}t} = C > 0$，求：（1）涡旋电场的分布；（2）将长为 l 的导体棒 ab 垂直磁场放在圆柱形空间内，ab 中的感生电动势。

分析： 根据麦克斯韦涡旋电场假设，变化的磁场会产生涡旋电场。由于磁场具有轴对称性，变化的磁场所激发的涡旋电场也具有轴对称性，即涡旋电场线是一些同心圆环。由对称性可知，在同一电场线上涡旋电场大小相等，方向为逆时针切向（也可由楞次定律来判断）。根据式（8-7）可以求得涡旋电场的分布。而导体棒 ab 的电动势可以根据电动势的基本定义去求解。

解：（1）以 O 为圆心、r 为半径作一个同心圆回路，选逆时针作为回路的正方向，如图 8-4（b）所示。由对称性可得，

$$\oint_{L} \boldsymbol{E}_{\mathrm{v}} \cdot \mathrm{d}\boldsymbol{l} = \oint_{L} E_{\mathrm{v}} \mathrm{d}l = E_{\mathrm{v}} \cdot 2\pi r$$

再由式（8-7）可得，$\displaystyle\oint_{L} \boldsymbol{E}_{\mathrm{v}} \cdot \mathrm{d}\boldsymbol{l} = -\int_{s} \frac{\partial \boldsymbol{B}}{\partial t} \cdot \mathrm{d}\boldsymbol{S} = \int_{s} \frac{\mathrm{d}B}{\mathrm{d}t}\mathrm{d}S$

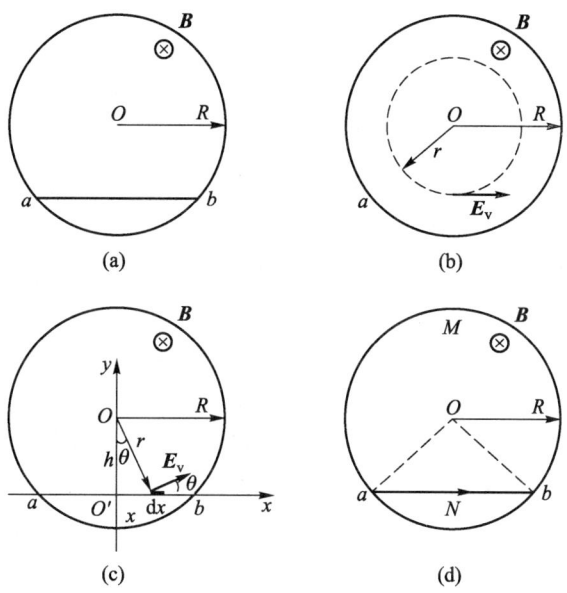

图 8-4

当 $r < R$ 时，

$$E_v \cdot 2\pi r = \pi r^2 C, \quad E_v = \frac{r}{2}C$$

当 $r > R$ 时，

$$E_v \cdot 2\pi r = \pi R^2 C, \quad E_v = \frac{R^2}{2r}C$$

涡旋电场的方向均为逆时针切线方向。

（2）方法一：根据电动势的定义来求导体棒 ab 的电动势。以导体棒 ab 中点为坐标原点 O'，建立坐标系 $xO'y$ 如图 8-4（c）所示。假设 OO' 的距离为 h，在 x 处取线元 $\mathrm{d}x$，$\mathrm{d}x$ 到圆心 O 的距离为 r，该处的涡旋电场 $\boldsymbol{E}_v$ 的大小为 $\frac{r}{2}C$，方向与 x 轴的夹角为 θ。根据电动势的定义，可得

$$\mathscr{E}_{ab} = \int_a^b \boldsymbol{E}_v \cdot \mathrm{d}\boldsymbol{x} = \int_a^b E_v \cos\theta \mathrm{d}x = \int_a^b \frac{C}{2}r\cos\theta \mathrm{d}x = \int_a^b \frac{C}{2}h\mathrm{d}x = \frac{1}{2}Chl$$

方法二：如图 8-4（d）所示，连接 Oa 和 Ob，对闭合回路 $abOa$，由法拉第电磁感应定律可知，闭合回路的电动势为

$$\mathscr{E}_{abOa} = -\frac{\mathrm{d}\Phi_m}{\mathrm{d}t} = -\frac{\mathrm{d}\boldsymbol{B}}{\mathrm{d}t} \cdot \boldsymbol{S}_{\triangle Oab} = \frac{\mathrm{d}B}{\mathrm{d}t}S_{\triangle Oab} = \frac{1}{2}hlC$$

对于闭合回路的电动势，有

$$\mathscr{E}_{abOa} = \mathscr{E}_{ab} + \mathscr{E}_{bO} + \mathscr{E}_{Oa}$$

由于涡旋电场方向为切线方向，与径向垂直，故

$$\mathscr{E}_{Oa} = \int_O^a \boldsymbol{E}_v \cdot \mathrm{d}\boldsymbol{r} = 0$$

同理，

$$\mathscr{E}_{bO} = 0$$

所以，

$$\mathscr{E}_{ab} = \mathscr{E}_{abOa} = \frac{1}{2}hlC = CS_{\triangle Oab}$$

引申： 如图 8-4（d）所示，试分析小圆弧 $\widehat{aNb}$ 和大圆弧 $\widehat{aMb}$ 的电动势。可以利用方法二，很容易得到小圆弧的 $\widehat{aNb}$ 电动势为 $\mathscr{E}_{aNb} = CS_{OaNb}$，大圆弧 $\widehat{aMb}$ 的电动势为 $\mathscr{E}_{aMb} = -CS_{OaMb}$。由此可见，由于电动势是非静电场的积分，而非静电场是非保守场，因此结果与积分路径有关。所以我们不能说两点之间的电动势是多少，而应该明确指出是哪段路径的电动势。如本道题，都是 ab 两点，不同的路径对应的电动势就不一样。

例题 4 如图 8-5 所示，有一长为 l 的密绕长直螺线管，横截面的面积为 S，线圈匝数为 N，管内充满磁导率为 μ 的均匀磁介质。求其自感系数。

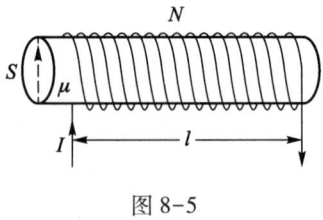

图 8-5

分析： 自感系数的求法有两种，如式（8-9）和式（8-11）所示。我们通常采用式（8-9）的定义来求自感系数。具体方法可见知识点 7 中的（3）。先假设回路中通有电流 I，然后求出回路产生的磁感应强度，再求出通过回路的磁链 Ψ，最后根据式（8-9）求出回路的自感系数 L。

解： 假设回路中通有电流强度为 I 的电流，根据介质中的安培环路定理可得，磁感应强度为

$$B = \mu H = \mu n I$$

通过 N 匝线圈的磁链为

$$\Psi = N\Phi = N\mu n I S$$

根据式（8-9）可得，密绕直螺线管的自感系数为

$$L = \frac{\Psi}{I} = \mu \frac{N^2}{l}S = \mu n^2 V$$

说明： （1）由于计算中忽略了边缘效应，所以计算值是近似的，实际测量值比它小一些；

（2）L 只与线圈大小、形状、匝数、磁介质有关。

例题 5 如图 8-6 所示，一螺线管长为 l，横截面积为 S，螺线管上分别密绕两组导线 ab 和 cd，导线匝数分别为 N_1 和 N_2，管内介质的磁导率为 μ，求这两个线圈的互感系数。

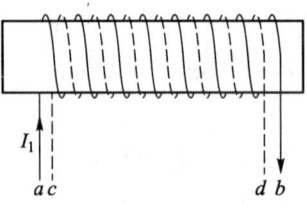

图 8-6

110

分析：互感系数可以根据式（8-12）、式（8-13）和式（8-17）来求解。理论上可以任意假设其中一个线圈通有电流强度 I，然后求该线圈产生的磁场通过另一个线圈的磁链 Ψ，最后根据式（8-12）或式（8-13）求得互感系数。

解：假设线圈 ab 通有电流强度为 I_1 的电流，由介质中的安培环路定理可得，其产生的磁场的磁感应强度大小为

$$B_1 = \mu H_1 = \mu n_1 I = \mu \frac{N_1}{l} I$$

该磁场通过线圈 cd 的磁链为

$$\Psi_{21} = N_2 B_1 S = N_2 \mu n_1 I S$$

根据式（8-12）可得两个线圈的互感系数为

$$M = \frac{\Psi_{21}}{I} = N_2 n_1 S = \frac{N_2}{l} \mu n_1 S l = \mu n_1 n_2 V$$

说明：M 只与两个线圈大小、形状、匝数、相对位置、磁介质有关。

讨论：根据例题 4 和例题 5，分析线圈自感和互感之间的关系。由例题 4 可知，每个线圈的自感系数分别为

$$L_1 = \mu n_1^2 V, \quad L_2 = \mu n_2^2 V$$

那么可以得出互感系数与自感系数之间的关系：

$$M = \sqrt{L_1 L_2}$$

在一般情况下，互感系数与自感系数之间的关系为

$$M = k\sqrt{L_1 L_2}$$

其中 k 称为耦合系数，其取值范围为 $0 \leqslant k \leqslant 1$。当 $k=0$ 时，两个线圈非耦合；当 $k=1$ 时，两个线圈完全耦合。这例子就是完全耦合的情况。大家可以思考一下：什么情况下两个线圈是非耦合的？

引申：我们可以进一步讨论一下有关两个线圈顺接和逆接的问题。在例题 5 中，如果将 b 和 c 连接起来，变成一个线圈，则通有电流后，两个线圈电流的流向是一致的，这种情况称为顺接；如果将 b 和 d 连接起来，则通有电流后，两个线圈的电流方向相反，这种情况称为逆接。在一般情况下，假设两个线圈的自感系数分别为 L_1 和 L_2，互感系数为 M，则两个线圈顺接时，线圈的总自感系数变为

$$L = L_1 + L_2 + 2M$$

当两个线圈逆接时，线圈的总自感系数变为

$$L = L_1 + L_2 - 2M$$

我们可以通过例题 5 进行验证。

如果将 b 和 c 连接起来，则整个线圈单位长度的匝数变为 $n = n_1 + n_2$，自感系数变为

$$L = \mu n^2 V = \mu (n_1 + n_2)^2 V = \mu n_1^2 V + \mu n_2^2 V + 2\mu n_1 n_2 V$$
$$= L_1 + L_2 + 2M$$

由此可验证一般情况下的顺接公式。

例题 6 如图 8-7 所示，一螺绕环由外表绝缘的导线在硬纸壳上密绕 N 匝而成，横截面是宽为 b、高为 a 的矩形，内半径为 R，外半径为 $R+b$。求：（1）当导线中通有电流 I

时，环内储存的磁场能量；（2）螺绕环的自感系数 L。

分析：求磁场的能量有两种方法：第一种方法为能量密度法，这种方法首先需要求出磁场的分布，然后求出能量密度的分布，再由微积分思想求出总的磁场能量。第二种方法为磁场能量的自感表述，这种方法首先要求出线圈的自感系数，然后根据式（8-18）求出磁场能量。而求自感系数的求法可参考例题4。当然这道题也可以先求出磁场能量，再根据式（8-18）求出线圈的自感系数。这也是自感系数的一种求解方法，称为能量法。

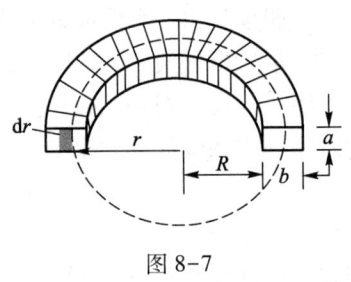

图 8-7

解：（1）由于电流具有对称性分布，产生的磁场也具有对称性分布。首先以螺绕环的轴线为圆心，作半径为 r 的安培环路，环路的绕向与电流成右手螺旋关系。由安培环路定理可得，在 $R<r<R+b$ 时，

$$\oint \boldsymbol{B} \cdot \mathrm{d}\boldsymbol{l} = \oint B \mathrm{d}l = B \cdot 2\pi r = \mu_0 NI$$

$$B = \frac{\mu_0 NI}{2\pi r}$$

磁场能量密度为

$$w_\mathrm{m} = \frac{B^2}{2\mu_0} = \frac{\mu_0 N^2 I^2}{8\pi^2 r^2}$$

所以，环内储存的磁场能量为

$$W = \int_V \frac{B^2}{2\mu_0} \mathrm{d}V = \int_R^{R+b} \frac{\mu_0 N^2 I^2}{8\pi^2 r^2} \cdot a \cdot 2\pi r \mathrm{d}r = \frac{\mu_0 N^2 I^2 a}{4\pi} \ln \frac{R+b}{R}$$

（2）根据磁场能量的自感表述 $W_\mathrm{m} = \frac{1}{2}LI^2$，可以得到螺绕环的自感系数为

$$L = \frac{\mu_0 N^2 a}{2\pi} \ln \frac{R+b}{R}$$

这也是求自感系数的一种方法。大家可以根据例题4的方法尝试算一下螺绕环的自感系数。

五、习题

（一）选择题

1. 两根无限长平行直导线载有大小相等、方向相反的电流 I，其电流各以相同的变化率减小，一矩形导线圈与两平行直导线共面，如图8-8所示，则（　　）。

A. 线圈中无感应电流

B. 线圈中感应电流方向不确定

C. 线圈中感应电流为顺时针方向

D. 线圈中感应电流为逆时针方向

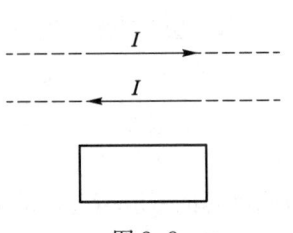

图 8-8

2. 半径为 a 的圆线圈置于均匀磁场中，线圈平面与磁场方向垂直，线圈电阻为 R；当转动线圈使其法向与磁场方向的夹角 $\alpha = 60°$ 时，线圈中通过的电荷量与线圈面积及转动所用的时间的关系是（　　）。

   A. 与线圈面积成正比，与时间无关

   B. 与线圈面积成正比，与时间成正比

   C. 与线圈面积成反比，与时间无关

   D. 与线圈面积成反比，与时间成正比

3. 在无限长的载流直导线附近放置一矩形闭合线圈，开始时线圈与导线在同一平面内，且线圈中两条边与导线平行，当线圈以相同的速率做如图 8-9 所示的三种不同方向的平动时，线圈中的感应电流（　　）。

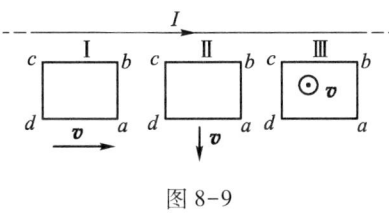

图 8-9

   A. 以情况 Ⅰ 中为最大

   B. 以情况 Ⅱ 中为最大

   C. 以情况 Ⅲ 中为最大

   D. 在情况 Ⅰ 和 Ⅱ 中相同

4. 如图 8-10 所示，直角三角形金属框架 abc 放在均匀磁场中，磁场 B 平行于 ab 边，bc 的长度为 l。当金属框架绕 ab 边以匀角速度 ω 转动时，abc 回路中的感应电动势 $\mathcal{E}_i$ 和 a、c 两点间的电势差 $V_a - V_c$ 为（　　）。

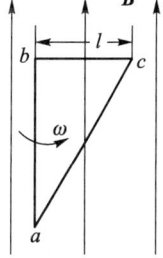

图 8-10

   A. $\mathcal{E}_i = B\omega l^2$，$V_a - V_c = \dfrac{1}{2}B\omega l^2$

   B. $\mathcal{E}_i = B\omega l^2$，$V_a - V_c = -\dfrac{1}{2}B\omega l^2$

   C. $\mathcal{E}_i = 0$，$V_a - V_c = \dfrac{1}{2}B\omega l^2$

   D. $\mathcal{E}_i = 0$，$V_a - V_c = -\dfrac{1}{2}B\omega l^2$

5. 有一无限长直圆筒，其横截面如图 8-11 所示，表面均匀分布有负电荷，该圆筒以角速度 ω 绕它的中心轴（图中 O 处垂直于纸面的轴）逆时针旋转。若角速度逐渐增大，则在筒内不在轴线上的一点 a 处，感应电场的方向为（　　）。

   A. 顺时针方向（即与转动方向相反）

   B. 逆时针方向

   C. 沿半径向外

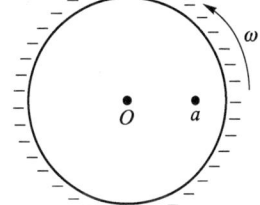

图 8-11

D. 筒内电场强度为零，故无方向可言

6. 一线圈中的电流为 $1.0\,A$，在 $\frac{1}{16}\,s$ 内均匀地减小到零，所产生的自感电动势为 $4.0\,V$，此线圈的自感系数为（　　）。

A. $0.25\,H$ 　　　　　　　　B. $0.5\,H$

C. $1.0\,H$ 　　　　　　　　D. $0.1\,H$

7. 有两个线圈，线圈 1 对线圈 2 的互感系数为 M_{21}，线圈 2 对线圈 1 的互感系数为 M_{12}。若它们分别流过 i_1 和 i_2 的变化电流且 $\left|\dfrac{\mathrm{d}i_1}{\mathrm{d}t}\right| > \left|\dfrac{\mathrm{d}i_2}{\mathrm{d}t}\right|$，并设因 i_2 变化而在线圈 1 中产生的互感电动势为 $\mathscr{E}_{12}$，因 i_1 变化而在线圈 2 中产生的互感电动势为 $\mathscr{E}_{21}$，判断下述哪个论断正确（　　）。

A. $M_{12} = M_{21}$，$\mathscr{E}_{12} = \mathscr{E}_{21}$

B. $M_{12} \neq M_{21}$，$\mathscr{E}_{12} \neq \mathscr{E}_{21}$

C. $M_{12} = M_{21}$，$\mathscr{E}_{21} > \mathscr{E}_{12}$

D. $M_{12} = M_{21}$，$\mathscr{E}_{21} < \mathscr{E}_{12}$

8. 有两个长直密绕螺线管，长度及线圈匝数均相同，半径分别为 r_1 和 r_2。管内充满均匀介质，其磁导率分别为 μ_1 和 μ_2。设 $r_1 : r_2 = 1 : 2$，$\mu_1 : \mu_2 = 2 : 1$，当将两个螺线管串联在电路中且通电稳定后，其自感系数之比 $L_1 : L_2$ 与磁能之比 $W_{m1} : W_{m2}$ 分别为（　　）。

A. $L_1 : L_2 = 1 : 1$，$W_{m1} : W_{m2} = 1 : 1$

B. $L_1 : L_2 = 1 : 2$，$W_{m1} : W_{m2} = 1 : 1$

C. $L_1 : L_2 = 1 : 2$，$W_{m1} : W_{m2} = 1 : 2$

D. $L_1 : L_2 = 2 : 1$，$W_{m1} : W_{m2} = 2 : 1$

9. 对于位移电流，下列说法哪种是正确的（　　）。

A. 位移电流是由变化的电场产生的

B. 位移电流是由线性变化的磁场产生的

C. 位移电流的热效应遵从焦耳-楞次定律

D. 位移电流的磁效应不服从安培环路定理

10. 如图 8-12 所示，平板电容器充电时，忽略边缘效应，试分析磁场强度 $\boldsymbol{H}$ 沿环路 L_1 和环路 L_2 的环流，有（　　）。

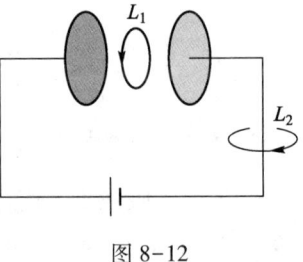

图 8-12

A. $\oint_{L_1} \boldsymbol{H} \cdot \mathrm{d}\boldsymbol{l} > \oint_{L_2} \boldsymbol{H} \cdot \mathrm{d}\boldsymbol{l}$

B. $\oint_{L_1} \boldsymbol{H} \cdot \mathrm{d}\boldsymbol{l} = \oint_{L_2} \boldsymbol{H} \cdot \mathrm{d}\boldsymbol{l}$

C. $\oint_{L_1} \boldsymbol{H} \cdot \mathrm{d}\boldsymbol{l} < \oint_{L_2} \boldsymbol{H} \cdot \mathrm{d}\boldsymbol{l}$

D. $\oint_{L_1} \boldsymbol{H} \cdot \mathrm{d}\boldsymbol{l} = 0$

（二）填空题

1. 如图 8-13 所示，一半径为 r 的很小的金属圆环，在初始时刻与一半径为 a（$a \gg r$）的大金属圆环共面且同心。在大圆环中通以恒定的电流 I，方向如图所示。如果小圆环以匀角速度 ω 绕其某一直径转动，并设小圆环的电阻为 R，则任一时刻 t 小圆环中的感应电流 i 的大小为（　　）。

2. 一闭合正方形线圈放在均匀磁场中，绕通过其中心且与一边平行的转轴 OO' 转动，转轴与磁场方向垂直，转动角速度为 ω，如图 8-14 所示。若把线圈的面积增加到原来的 4 倍，而形状不变，角速度 ω 增大到原来的 2 倍，则线圈中感应电流的幅值增加到原来的（　　）倍。（注意导线电阻不可忽略。）

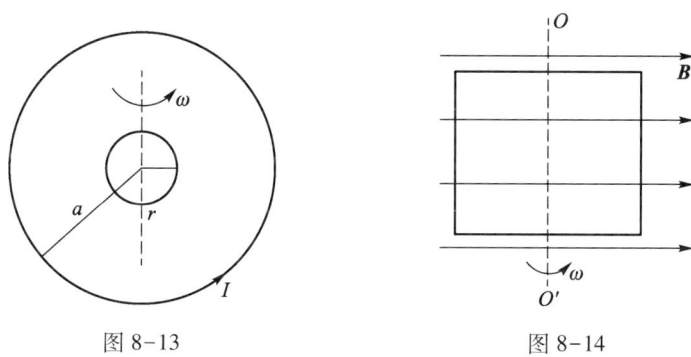

图 8-13　　　　　　　　　图 8-14

3. 用材质相同、粗细均匀的导线制成的两个圆环 a 和 b，半径之比为 $1:4$，分别放在磁感应强度为 B 的均匀磁场中，B 与环面都垂直。当 B 随时间发生相同的变化时，a 和 b 两环中的感应电流分别为 I_a 和 I_b，则它们的比值 I_a/I_b 为（　　）。

4. 如图 8-15 所示，载有电流 I 的长直导线与一半圆环导体 MeN 共面，且端点 MN 的连线与长直导线垂直。半圆环的半径为 R，环心 O 与导线相距 a，设半圆环以速度 $\boldsymbol{v}$ 平行导线平移，求 MN 两端的电压，$V_M - V_N = $（　　）$\times 10^{-4}$ V。

（已知：$I = 100$ A，$\boldsymbol{v} = 50$ m/s，$a = 80$ cm，$R = 20$ cm，$\mu_0 = 4\pi \times 10^{-7}$ N/A^2，结果保留到小数点后一位。）

5. 如图 8-16 所示，一载有向上方向电流的无限长直导线和一接有电压表的矩形线框共面。当线框中有顺时针方向的感应电流时，直导线中的电流变化为（　　）。（填写"逐渐增大"或"逐渐减小"或"不变"。）

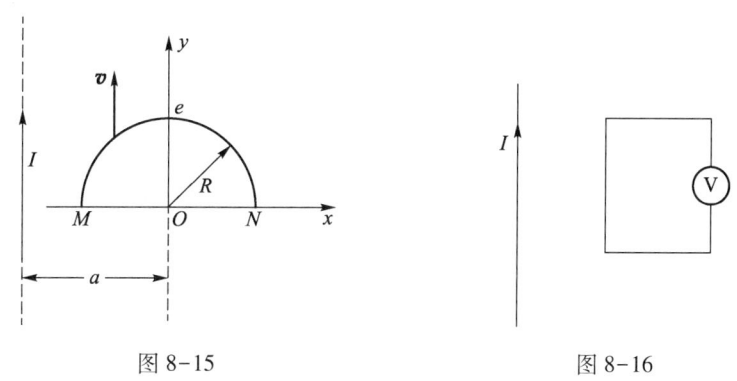

图 8-15　　　　　　　　　图 8-16

6. 有两个线圈，自感系数分别为 L_1 和 L_2。已知 $L_1 = 3\,\text{mH}$，$L_2 = 5\,\text{mH}$，串联成一个线圈后测得自感系数 $L = 11\,\text{mH}$，则两线圈的互感系数 $M = (\quad)\,\text{mH}$。

7. 如图 8-17 所示，两共轴螺线管的半径分别为 R_1 和 R_2（$R_1 > R_2$），匝数分别为 N_1 和 N_2，长度都是 l（$l \gg R_1$）。略去边缘效应，第一个线圈（外面的 N_1 匝线圈）对第二个线圈（里面的 N_2 匝线圈）的互感系数为 $M_{21} = (\quad)$；第二个线圈对第一个线圈的互感系数为 $M_{12} = (\quad)$。

8. 加在平行板电容器极板上的电压随时间的变化率为 $2.0 \times 10^6\,\text{V/s}$，在电容器内产生 $4.0\,\text{A}$ 的位移电流，则该电容器的电容为 $(\quad)\,\mu\text{F}$。

9. 如图 8-18 所示，某细螺绕环由表面绝缘的导线在铁环上密绕而成，若每厘米绕 10 匝线圈，测得铁环内的磁感应强度的大小为 $B = 2.0\,\text{T}$，若铁环的相对磁导率为 $\mu_r = 3.98 \times 10^2$，则导线中的电流 $I = (\quad)\,\text{A}$。

10. 真空中两条相距 $2a$ 的平行长直导线，通以方向相同、大小均为 I 的电流，P 点与两导线在同一平面内，与导线的距离如图 8-19 所示，则 P 点的磁场能量密度为 $w_{mP} = (\quad)$。

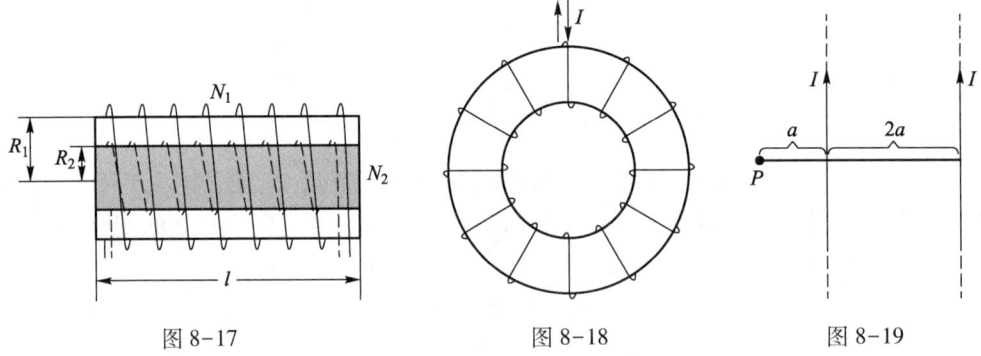

图 8-17　　　　　　　图 8-18　　　　　　　图 8-19

（三）计算题

1. 在半径为 $R = 100\,\text{cm}$ 的无限长圆柱形空间内存在均匀磁场 $\boldsymbol{B}$，方向垂直于纸面向里。在垂直于圆柱轴线的平面内取回路 $abcd$，如图 8-20 所示。设磁感应强度以 $\dfrac{\text{d}B}{\text{d}t} = 0.01\,\text{T/s}$ 的匀速率增加，已知 $\theta = \dfrac{1}{3}\pi$，$|Oa| = |Ob| = 60\,\text{cm}$，求回路中的感生电动势。（$\pi$ 取 3.14，取 $abcda$ 方向为正方向。）

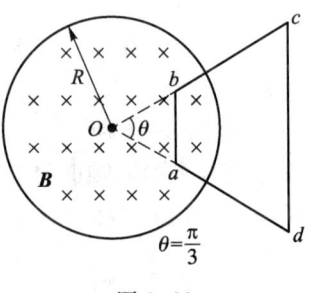

图 8-20

2. 如图 8-21 所示，有一竖直向上的均匀磁场，其磁感应强度大小为 $B = 0.1$ T。有两条与水平面成 $\theta = 45°$ 角的平行导轨（导轨足够长），相距 $L = 0.5$ m，导轨下端与电阻 R 相连（$R = 10\,\Omega$），一段质量为 $m = 200$ g 的裸导线 ab 在导轨上且垂直于导轨，保持匀速下滑。在忽略导轨与导线的电阻和其间摩擦的情况下，假设重力加速度 $g = 10$ m/s^2，求感应电动势 $\mathscr{E}_i$ 的大小。

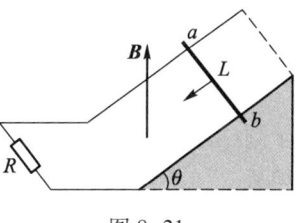

图 8-21

3. 一长直导线载有 5.0 A 的直流电流，旁边有一个与它共面的矩形线圈，长为 $l = 20$ cm，长边与导线平行，如图 8-22 所示。已知 $a = 10$ cm，$b = 20$ cm，线圈共有 $N = 1\,000$ 匝，线圈以 $v = 3$ m/s 的速度离开导线。求线圈在如图所示位置时的感应电动势大小和方向。

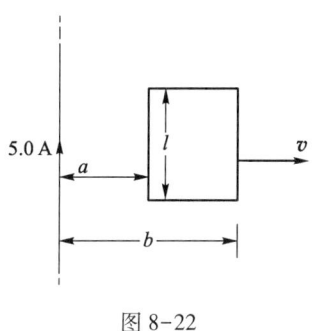

图 8-22

4. 有一竖直向上的均匀磁场，其磁感应强度大小为 0.50×10^{-4} T。一根长为 $l = 50$ cm 的金属棒水平放置，从上往下看在水平面内逆时针旋转，每秒转两圈，转轴距 a 端 10 cm，如图 8-23 所示。求棒两端 ab 的电势差。

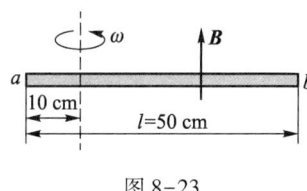

图 8-23

117

5. 如图 8-24 所示，在一半径为 R 的圆柱形空间中，充满沿轴线方向垂直向里的均匀磁场，磁感应强度大小随时间的变化关系为 $B=B_0-kt$，式中 B_0 和 k 都是大于零的常量。一长为 R 的直导线 ab，位于圆柱的横截面内与圆柱相切，切点为 a。求直导线 ab 中的感生电动势。

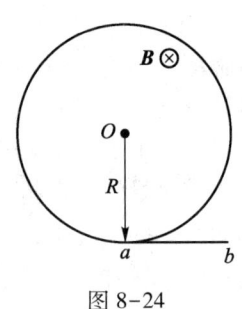

图 8-24

6. 如图 8-25 所示，有一弯成 θ 角的金属架 COD 放在磁场中，磁感应强度 B 的方向垂直于金属架 COD 所在平面。一导体杆 MN 垂直于 OD 边，并在金属架上以恒定速度 v 向右滑动，v 与 MN 垂直。设 $t=0$ 时，$x=0$。求下列两情形下，框架内的感应电动势 $\mathscr{E}_\mathrm{i}$。（1）磁场分布均匀，且 B 不随时间改变；（2）非均匀的时变磁场 $B=Kx\cos \omega t$。

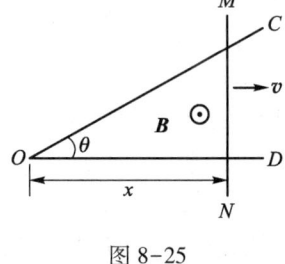

图 8-25

7. 如图 8-26 所示，在一圆柱形纸筒上绕有两组相同线圈 AB 和 CD，每个线圈的自感系数均为 L，求下列两种连接方式中，整个线圈的自感系数。（1）A 和 C 相连；（2）B 和 C 相连。

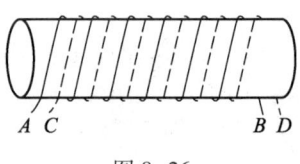

图 8-26

8. 真空中，长直密绕直螺线管的半径为 $R = 5$ cm，长度为 $l = 50$ cm，总匝数为 $N = 500$ 匝，当电流在 0.1 s 内由 2 A 均匀减小到零时，求线圈中自感电动势的大小。

9. 一长直导线旁边有一与它共面的 N 匝圆线圈，半径为 a，圆心到导线的距离为 l（$l > a$），如图 8-27 所示。求它们之间的互感系数。

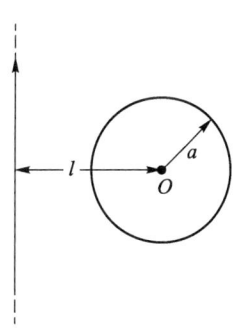

图 8-27

10. 一圆形线圈由 50 匝表面绝缘的细导线绕成，圆面积为 $S = 4.0$ cm^2，放在另一个半径为 $R = 20$ cm 的大圆线圈中心，两者共轴，如图 8-28 所示。大线圈由 100 匝表面绝缘的导线绕成。（1）求这两个线圈的互感系数 M；（2）当小线圈导线中的电流每秒减少 50 A 时，求大线圈中的感应电动势。

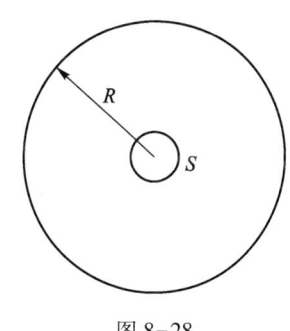

图 8-28

11. 如图 8-29 所示的平行板电容器，两圆极板半径均为 R，极板上电荷量随时间的变化规律为 $q = q_0 \sin \omega t$，忽略边缘效应。求：（1）两极板间的位移电流；（2）距中轴线为 r（$r < R$）处磁感应强度的大小。

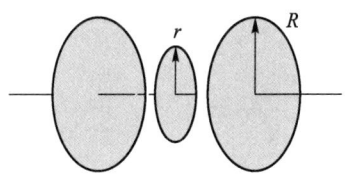

图 8-29

12. 两无限长直导体筒共轴，内、外半径分别为 R_1 和 R_2，载有大小相等而方向相反的电流 I，电流平行于轴线流动并均匀分布在筒面上，两筒之间充满磁导率为 μ 的均匀介质。求长为 l 的一段筒各空间内储存的磁场能量：（1）$r<R_1$ 的筒内空间；（2）$R_1<r<R_2$ 的两筒间；（3）$r>R_2$ 的筒外空间。

第八章习题
参考答案

期末模拟自测

期末模拟自测（Ⅰ）

一、选择题

1. 一质量为 m 的质点受到三个处于同一水平面上的力的作用：$\boldsymbol{F}_1 = 5\boldsymbol{i} - 7t\boldsymbol{j}$，$\boldsymbol{F}_2 = -7\boldsymbol{i} + 5t\boldsymbol{j}$，$\boldsymbol{F}_3 = 2\boldsymbol{i} + 2t^2\boldsymbol{j}$（式中力的单位为 N，时间的单位为 s），在 $t = 0$ 时刻，质点的速度 $\boldsymbol{v}_0 = 0$，则以下说法正确的是（　　）。

 A. 质点一直处于静止状态
    B. 质点做初速度为零的匀加速运动

 C. 质点沿 y 轴做变加速直线运动
  D. 质点做变速曲线运动

2. 如图Ⅰ-1 所示，一个电荷量为 q 的点电荷位于立方体的一个顶角 A 处，则通过侧面 $abcd$ 的电场强度通量为（　　）。

 A. $\dfrac{q}{4\varepsilon_0}$
           B. $\dfrac{q}{6\varepsilon_0}$

 C. $\dfrac{q}{12\varepsilon_0}$
         D. $\dfrac{q}{24\varepsilon_0}$

3. 如图Ⅰ-2 所示，真空中一点电荷 Q 位于空腔导体球壳 A 外部，球壳内有一点 M，球壳中有一点 N。当球壳达到静电平衡时，以下说法正确的是（　　）。

 A. $E_M = E_N = 0$，Q 在 M、N 处都不产生电场

 B. $E_M = E_N = 0$，Q 在 M、N 处都产生电场

 C. $E_M = 0$，$E_N \neq 0$，Q 在 M 处不产生电场，在 N 处产生电场

 D. $E_M \neq 0$，$E_N = 0$，Q 在 M 处产生电场，在 N 处不产生电场

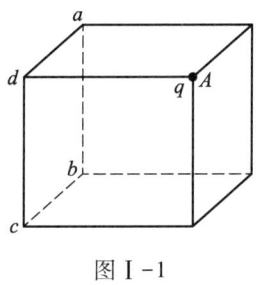
            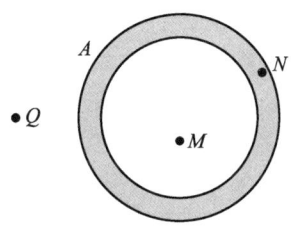

     图Ⅰ-1   图Ⅰ-2

4. 真空中有两个串联在电路中的平行板电容器，其正对面积均为 S，极板间距均为 d。若在其中一个电容器的两极板间平行插入一块正对面积为 S、厚度为 $\dfrac{d}{3}$ 的金属板后，串联电容器组的等效电容为 C，则下列说法正确的是（　　）。

 A. 金属板位置对等效电容无影响，等效电容为 $C = \dfrac{3\varepsilon_0 S}{5d}$

 B. 金属板位置对等效电容无影响，等效电容为 $C = \dfrac{5\varepsilon_0 S}{2d}$

C. 金属板位置对等效电容无影响，等效电容为 $C = \dfrac{2\varepsilon_0 S}{d}$

D. 等效电容与金属板插入位置有关，因此等效电容无法确定

5. 如图 I-3 所示，有半径为 R 的载流圆环与边长为 a 的正方形线圈。已知 $R : a = \sqrt{2}\pi : 4$，两线圈中心 O_1 与 O_2 处的磁感应强度之比为 $1:1$，则载流圆环与正方形线圈所通电流的电流强度之比为（　　）。

A. $2:1$ 　　　　 B. $1:1$ 　　　　 C. $1:2$ 　　　　 D. $1:4$

6. 如图 I-4 所示，在圆柱形空间内有一均匀磁场，磁感应强度以速率 dB/dt 变化。两根长度相同的导体棒分别放置在如图所示的①②两个位置，其感应电动势的大小分别为 $\mathscr{E}_1$ 和 $\mathscr{E}_2$，则（　　）。

A. $\mathscr{E}_1 = \mathscr{E}_2$ 　　 B. $\mathscr{E}_1 > \mathscr{E}_2$ 　　 C. $\mathscr{E}_1 < \mathscr{E}_2$ 　　 D. $\mathscr{E}_1 = \mathscr{E}_2 = 0$

7. 如图 I-5，载有电流强度为 I_1 的刚性矩形线圈与载有电流强度为 I_2 的长直导线共面。设长直载流导线固定不动，矩形线圈边长分别为 a 和 $2a$，初始时刻线框静止，其左边到直导线距离为 a。关于载流线圈受力及运动情况，下列说法正确的是（　　）。

A. 安培力 $F = \dfrac{\mu_0 I_1 I_2}{2\pi}$，向左运动 　　　 B. 安培力 $F = \dfrac{\mu_0 I_1 I_2}{2\pi}$，向右运动

C. 安培力 $F = (\ln 2)\dfrac{\mu_0 I_1 I_2}{2\pi}$，向左运动 　　 D. 安培力 $F = (\ln 2)\dfrac{\mu_0 I_1 I_2}{2\pi}$，向右运动

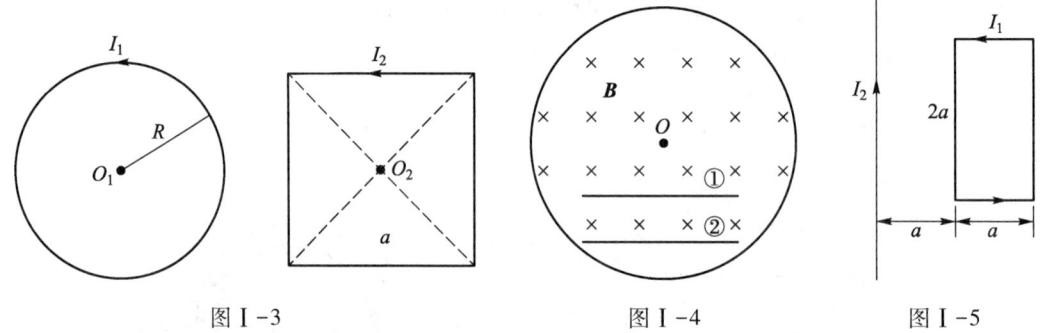

图 I-3 　　　　　　　　　　 图 I-4 　　　　　　　　　　 图 I-5

二、填空题

1. 如图 I-6 所示，一升降梯相对地面以加速度 $a = 0.5g$ 竖直向上运动。A、B 两物块的质量均为 m，A 与水平桌面的摩擦因数为 $\mu = 0.2$。设滑轮的质量和滑轮与轻绳间的摩擦忽略不计。则轻绳的张力为_____。（结果用 m 和 g 表示。）

2. 如图 I-7 所示，在点电荷 $+q$ 的电场中，若取距离点电荷为 a 处的 P 点为电势零点，则距离点电荷为 $2a$ 的 M 点处的电势为_____。

3. 真空中有均匀带电的球面和球体，两者的半径和总电荷都相等。若带电球面的电场能量为 W_1，带电球体的电场能量为 W_2，则 W_1 _____ W_2。（填"大于""等于"或"小于"。）

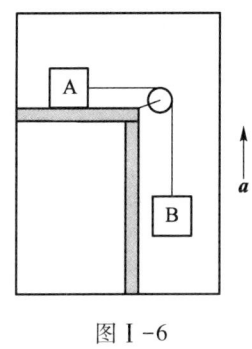

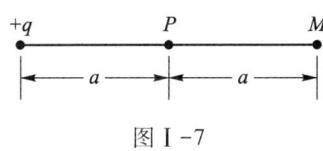

图 I-6   图 I-7

4. 一导体球外充满相对电容率为 ε_r 的某种均匀各向同性电介质，若导体球表面附近的电场强度大小为 E，则导体球面上的自由电荷面密度为_____。

5. 半径为 10 cm 的均匀带电薄圆盘，其电荷面密度为 $0.2\,C/m^2$，以 $2\,rad/s$ 的角速度绕通过盘心且垂直于盘面的轴做匀速率转动，则其对应的磁矩大小为_____ $A \cdot m^2$。

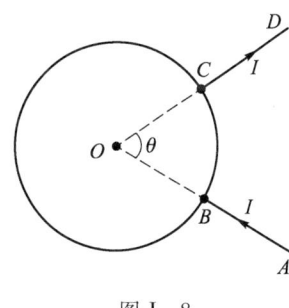

6. 如图 I-8 所示，一电阻均匀分布的导体圆线圈，其上 B、C 两点处沿径向分别接有直导线 AB 和 CD。现有电流强度为 I 的电流从 AB 方向流入，经圆线圈后由 CD 方向流出。已知径向 OA 与 OB 间夹角为 θ。则 O 点处磁感应强度的大小为 $B = $_____ T。

图 I-8

7. 为了修正安培环路定理，麦克斯韦提出了_____假设，从而使之也适合于非恒定电流的情形。

三、计算题

1. 质量为 m 的子弹以速率 v_0 水平射入沙土中，设子弹所受阻力与速度反向，大小与速度成正比，比例系数为 k，忽略子弹的重力，求：（1）子弹射入沙土后，速率 v 随时间 t 变化的函数关系；（2）子弹进入沙土的最大深度。

2. 一质量为 m、长为 $2L$ 的均匀细棒，在光滑水平面内沿垂直于棒的方向以速率 v_0 平动。细棒与一固定的支点 O 发生完全非弹性碰撞，碰撞点位于棒中心的一侧 $\dfrac{L}{2}$ 处，如图 I-9 所示。求：（1）棒在碰撞后相对于过 O 点竖直轴的转动惯量；（2）棒在碰撞后绕 O 点转动的初始角速度。

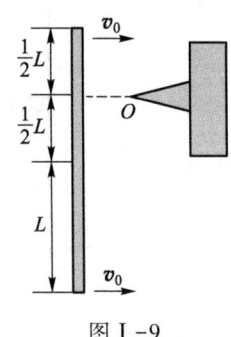

图 I-9

3. 一无限长直导线通有交流电，电流强度为 $I = I_0 \cos \omega t$（其中 I_0、ω 均为常量）。一矩形导电线圈与长直导线共面，线圈的一边与直导线平行，相对位置和尺寸如图 I-10 所示。已知线圈单位长度的电阻为 R_0，求：（1）线圈中的感应电动势及感应电流；（2）导线与线圈之间的互感系数。

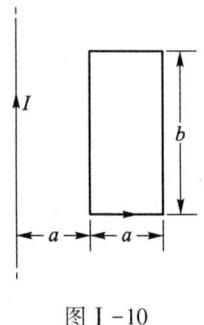

图 I-10

4. 一半径为 R、相对电容率为 ε_r 的带正电荷的介质球，所带总电荷量为 Q，球体内的电荷体密度沿径向呈线性分布，电荷体密度为 $\rho(r) = kr$，其中 k 为比例系数，r 为到球心的距离，求：（1）k 的表达式（用 Q 和 R 表示）；（2）球体内、外电场强度分布函数；（3）球体内电势分布函数。

期末模拟
自测（I）
参考答案

124

期末模拟自测（Ⅱ）

一、选择题

1. 一质点做半径为 $R=3\,m$ 的圆周运动，初速度为零，已知角加速度随时间变化关系为 $\alpha=4t^2-5t$（SI 单位），则质点在 $t=2\,s$ 时的法向加速度大小为（　　）。

   A. $\dfrac{4}{3}\,m/s^2$ 　　　　 B. $4\,m/s^2$ 　　　　 C. $\dfrac{2}{3}\,m/s^2$ 　　　　 D. $\dfrac{19}{10}\,m/s^2$

2. 在静电场中，关于场强和电势的说法正确的是（　　）。

   A. 场强大的点，电势一定高；电势高的点，场强也一定大

   B. 场强为零的点，电势一定为零；电势为零的点，场强也一定为零

   C. 场强为零的点，电势不一定为零；电势为零的点，场强也不一定为零

   D. 场强恒定的区域，电势一定为零；电势恒定的区域，场强一定为零

3. 空气平行板电容器两极板相距 $1.5\,cm$，之后将等面积的玻璃板平行插入电容器中。已知玻璃板的厚度为 $0.5\,cm$，相对电容率为 $\varepsilon_r=5$。设玻璃的击穿场强为 $60\,kV/cm$，空气的击穿场强为 $30\,kV/cm$。若插入玻璃板前后，电容器两端电势差均为 $40\,kV$，则（　　）。

   A. 插入玻璃板之前和之后，电容器均会被击穿

   B. 插入玻璃板之前和之后，电容器均不会被击穿

   C. 插入玻璃板之前，电容器不会被击穿；插入玻璃板之后，电容器会被击穿

   D. 插入玻璃板之前，电容器会被击穿；插入玻璃板之后，电容器不会被击穿

4. 有一半径为 R 的不带电球形薄导体空腔，在空腔球心处放置一半径为 r（$r<R$）、所带电荷量为 q 的导体球。若用导线连接空腔和导体球，则与连接前相比系统静电场能量将（　　）。

   A. 增大 　　　　 B. 减小 　　　　 C. 不变 　　　　 D. 无法确定

5. 两根长度相同的细导线分别绕在半径为 R 和 r 的长度相等的长直圆筒上，形成两个螺线管。若 $R=2r$，两螺线管通过的电流相同，则两螺线管中磁感应强度大小 B_R 与 B_r 满足的关系为（　　）。

   A. $2B_R=B_r$ 　　　　 B. $B_R=B_r$ 　　　　 C. $B_R=2B_r$ 　　　　 D. $B_R=4B_r$

6. 一带电粒子以速度 $\boldsymbol{v}$ 进入一磁感应强度为 $\boldsymbol{B}$ 的均匀磁场，$\boldsymbol{v}$ 与 $\boldsymbol{B}$ 的夹角为 θ，其后粒子做等距螺旋线运动。若螺旋线的半径和螺距相等，则 $\tan\theta$ 为（　　）。

   A. $\dfrac{1}{2\pi}$ 　　　　 B. 1 　　　　 C. π 　　　　 D. 2π

7. 对于位移电流，下列说法中正确的是（　　）。

   A. 位移电流是由变化的磁场产生的

   B. 位移电流是由变化的电场产生的

   C. 位移电流的热效应服从焦耳-楞次定律

   D. 位移电流的磁效应不服从安培环路定理

二、填空题

1. 一质量为 m 的轮船受到河水的阻力为 $F = -kv$，设轮船在速率为 v_0 时关闭发动机，则轮船还能前进的距离为_____。

2. 如图 II-1 所示，真空中有一边长为 a 的正方形平面。在过平面中心 O 点且垂直于平面的轴线上，到 O 点距离为 $0.5a$ 处有一个电荷量为 q 的点电荷，则通过该平面的电场强度通量大小为_____。

3. 如图 II-2 所示，一长直导线中通有电流 I，一长为 l 的金属棒 AB 与导线垂直并且共面，棒左端到长直导线的距离为 a。当棒以速度 v 平行于长直导线向上匀速运动时，棒 AB 的动生电动势的大小为_____。

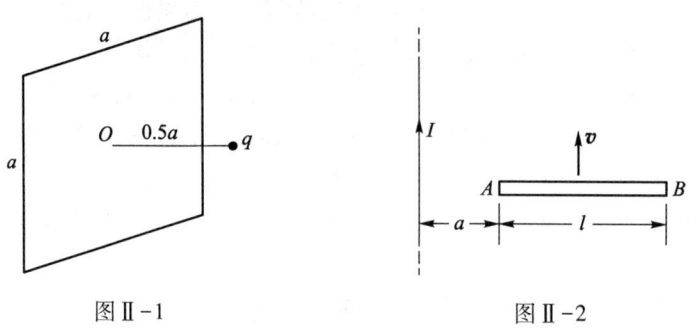

图 II-1   图 II-2

4. 在平面直角坐标系中，点电荷 $+q$ 位于 $A(a, 0)$ 点，点电荷 $-q$ 位于 $B(-a, 0)$ 点，则 $P(0, b)$ 点的电场强度大小为_____。

5. 在半径为 R 的不带电金属球旁有一点电荷 $+q$，点电荷 $+q$ 与金属球心的间距为 $d(d > R)$。若取无限远处为电势零点，则金属球的电势为_____。

6. 麦克斯韦提出了_____和位移电流两个基本假设，建立了经典电磁理论，并预言了以光速传播的电磁波的存在。

7. 真空中有一半径为 r 的导线圆环，放在半径为 R 的导线圆环的圆心处，两环同心共面，且 $r \ll R$。则该系统的互感系数为_____。

三、计算题

1. 质量为 $m = 1\,\text{kg}$ 的质点沿 x 轴运动，质点所受合外力与位置的关系为 $F = 2 + 6x$，质点在 $x = 0$ 处的速度为 $10\,\text{m/s}$。求：（1）质点运动速度 v 和位置坐标 x 之间的关系；（2）质点从 $x = 0$ 到 $x = 2\,\text{m}$ 的过程中，合外力做的功。

2. 一根质量为 m、长为 l 的均匀细杆,可在水平桌面上绕通过其中心的竖直固定轴转动。已知细杆与桌面的动摩擦因数为 μ,杆的初角速度为 ω_0,求:(1) 经过多长时间,细杆停止转动;(2) 细杆停止前转过的圈数。

3. 如图 Ⅱ-3 所示,真空二极管由一个半径为 $R_1 = 5 \times 10^{-4}$ m 的无限长圆柱形阴极 A 和一个套在阴极外半径为 $R_2 = 4.5 \times 10^{-3}$ m 的同轴圆筒形阳极 B 组成。阳极电势比阴极高 300 V,忽略边缘效应。求电子刚从阴极射出时所受的电场力。(电子电荷量为 $e = -1.6 \times 10^{-19}$ C。)

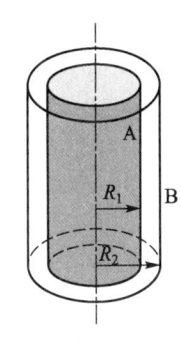

图 Ⅱ-3

4. 如图 Ⅱ-4 所示,有一半径为 R 的无限长圆柱形导体竖直放置,电流沿圆柱体轴向向上流动,且电流在横截面上均匀分布,电流密度为 j。(1) 求圆柱形导体内、外磁感应强度大小的分布;(2) 如果在圆柱形导体内部沿轴向挖去一个半径为 a 的圆柱,形成一圆柱形空腔,圆柱体轴线与空腔轴线间距为 $|OO'| = d$ ($d > a$)。已知导体剩余部分的电流密度仍为 j,求圆柱形空腔轴线上任一点(O' 点)的磁感应强度大小。

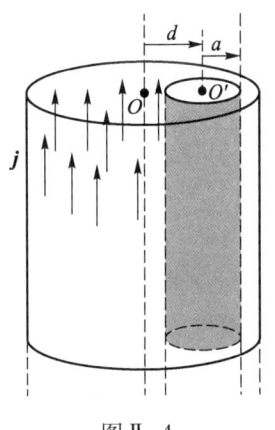

图 Ⅱ-4

期末模拟
自测(Ⅱ)
参考答案

127

期末模拟自测（Ⅲ）

一、填空题

1. 一物体沿 x 轴运动，其加速度为 $a = (4+8x)v$，（SI 单位），假设物体在 $x=0$ 处的速度为 $5\,\text{m/s}$，则物体速度与位置的关系为 _____。

2. 一质量为 $60\,\text{kg}$ 的人静止站在质量为 $240\,\text{kg}$ 且正以 $2\,\text{m/s}$ 的速率向岸边行驶的小船上，湖水是静止的，其阻力不计。现在人相对于船以 $5\,\text{m/s}$ 的速率沿船的前进方向向岸边跳去，则该人起跳后船的速率为 _____ m/s。

3. 距河岸（看成直线）$600\,\text{m}$ 处有一艘静止的船，船上探照灯以 $n=1.0\,\text{r/min}$ 的转速转动。当光束与岸边成 $30°$ 角时，光束在河岸上形成的光斑沿岸边移动的速率为 _____ m/s。

4. 半径为 R、质量为 m 的圆盘平放在光滑水平面上，可绕过其圆心并垂直于盘面的轴转动。圆盘上有一个质量为 m_0 的人，假设 $m=10m_0$。原先系统是静止的，之后人在圆盘边缘处相对于圆盘走一周，此时圆盘相对于地面转过的角度是 _____。

5. 若带电球面上总的电荷量不变，而电荷分布发生改变，则球心处的电势将如何变化？_____。（填"变大""变小"或"不变"。）

6. 一个半径为 R 的金属球旁，有一个电荷量为 q 的点电荷，点电荷与球心的距离为 d，若将金属球接地，则金属球上的感应电荷量为 _____。

7. 一个电荷量为 q 的点电荷，处在半径为 R、介电常量为 ε_1 的各向同性均匀电介质球体的中心处，球外为真空状态，则距离点电荷 r（$r<R$）处的电场强度大小为 _____，电势为 _____。

8. 一厚度为 d、面积为 S 的导体板（$d^2 \ll S$，可近似看成无限大），带有电荷量 Q，放在真空中，则导体板两侧附近的电场强度的大小为 _____。

9. 真空中，边长为 a 的载流正方形线圈，通有电流 I，其中心点处的磁感应强度大小为 _____。

10. 假设氢原子可看成一个电子绕核做圆周运动，已知电子的电荷量为 e，质量为 m，电子的圆轨道半径为 r，则电子轨道运动磁矩的大小为 _____。

11. 一长为 a、宽为 b 的平面矩形线圈，通有电流 I，放置在磁感应强度大小为 B 的均匀磁场中，磁场方向与线圈的面法线方向之间的夹角为 θ，则该平面矩形线圈受到的磁力矩大小为 _____。

12. 用同种导线（导线截面相同）制成的两个圆环，半径分别为 a 和 b，放在相同的均匀磁场中，磁场与环面垂直，当磁感应强度随时间变化率 $\dfrac{\mathrm{d}B}{\mathrm{d}t}=C$ 为一常量时，两个环中产生的感应电流分别为 I_a 和 I_b，则 $I_a:I_b$ 为 _____。

13. 两个长直密绕螺线管 1 和 2，长度相等，直径之比为 $d_1:d_2=1:2$，单层密绕匝数相同，管内充满均匀磁介质，其磁导率之比为 $\mu_1:\mu_2=2:1$，当它们通以相同电流时，两螺线管内的磁场能量之比为 $W_{\mathrm{m1}}:W_{\mathrm{m2}}=$ _____。

二、计算题

1. 一质量为 m、长为 l_0 的均匀软绳竖直地悬挂着，绳子的下端刚好接触到水平桌面，现将软绳的上端无初速度释放，求软绳下落长度为 x 时，软绳对地面的压力。

2. 如图Ⅲ-1 所示，一根细绳将弹簧与物体相连，物体质量为 m，放在光滑的斜面上，斜面与水平面之间的夹角为 θ，弹簧的弹性系数为 k，滑轮的质量为 m'，半径为 R。先把物体托住，使弹簧保持原长，然后由静止释放，求：（1）释放瞬间，物体的加速度；（2）物体下滑过程中的最大速度。

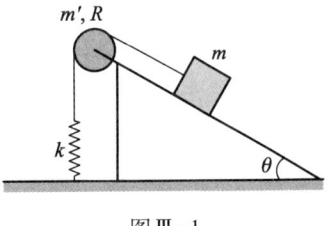

图Ⅲ-1

3. 一个半径为 R 的带电球体，其电荷体密度为 $\rho = kr^2$，k 为一正的常量，r 为球内任一点到球心的距离。求：（1）电场强度的分布；（2）电势的分布。

4. 如图Ⅲ-2 所示，有一弯成 θ 角的金属架 COD 放在磁场中，磁感应强度 B 的方向垂直于金属架 COD 所在平面，一导体杆 MN 垂直于 OD 边，并在金属架上以恒定速度 v 向右滑动，v 与 MN 垂直，设 $t=0$ 时，$x=0$，求下列两种情形，在 t 时刻框架内的感应电动势。（1）磁场均匀分布，且不随时间变化；（2）非均匀时变磁场 $B = kx\cos \omega t$（k、ω 为常量）。

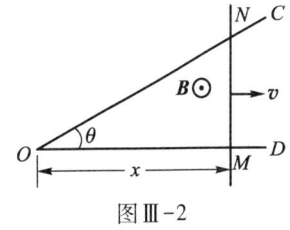

图Ⅲ-2

期末模拟
自测（Ⅲ）
参考答案

期末模拟自测（Ⅳ）

一、填空题

1. 一列火车以 $10\,\mathrm{m/s}$ 的速率向东行驶，若相对于地面竖直下落的雨滴在列车的车窗上形成的雨迹方向为向后偏离竖直方向 $30°$，那么雨滴相对于地面的速率是_____ $\mathrm{m/s}$。

2. 花样滑冰运动员绕通过自身的竖直轴转动，开始时两臂伸开，转动惯量为 J_0，角速度为 ω_0；然后将两手臂合拢，使转动惯量变为 $2J_0/3$，则转动角速度变为_____。

3. 当飞轮加速转动时，飞轮边缘上有一质点，其运动学方程为 $s=0.1t^3$（式中 s 以 m 为单位，t 以 s 为单位），假设飞轮半径为 $2\,\mathrm{m}$，当此质点的速率为 $v=30\,\mathrm{m/s}$ 时，其切向加速度为_____ $\mathrm{m/s}^2$，法向加速度为_____ $\mathrm{m/s}^2$。

4. 两个电容器 1 和 2，串联以后接上电动势恒定的电源充电。在电源保持连接的情况下，若把电介质充入电容器 2 中，则电容器 1 上的电势差_____，电容器 1 极板上的电荷量_____。（填"增大""减小"或"不变"。）

5. 半径为 r 的均匀带电球面 1，电荷量为 q，其外有一同心的半径为 R 的均匀带电球面 2，电荷量为 Q，则此两球面之间的电势差 V_1-V_2 为_____。

6. 在无限大的均匀带电平板附近，有一点电荷 q，沿电场线方向移动距离 d 时，电场力做的功为 A，由此知平板上的电荷面密度为 $\sigma=$ _____。

7. 一空气平行板电容器，充电后把电源断开，这时电容器中储存的能量为 W_0，然后在两极板之间充满相对介电常量为 ε_r 的各向同性均匀电介质，则该电容器中储存的能量 W 为_____。

8. 如图Ⅳ-1 所示，在真空中有一半径为 a 的圆弧形导线，其中通以恒定电流 I，导线置于均匀磁场 B 中，且 B 与导线所在平面垂直。则该载流导线所受的安培力大小为_____。

9. 如图Ⅳ-2 所示，半圆形线圈（半径为 R）中通有电流 I。线圈处在与线圈平面平行且向右的均匀磁场 B 中。线圈所受磁力矩的大小为_____。

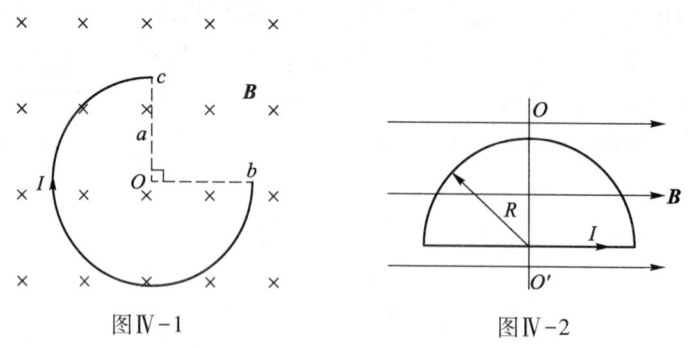

图Ⅳ-1   图Ⅳ-2

10. 用导线制成一半径为 $r=10\,\mathrm{cm}$ 的圆形闭合线圈，其电阻为 $R=10\,\Omega$。均匀磁场 B 垂直于线圈平面。欲使电路中有一稳定的感应电流 $I=0.01\,\mathrm{A}$，则 B 的变化率为 $\mathrm{d}B/\mathrm{d}t=$ _____ $\mathrm{T/s}$。

11. 平行板电容器的电容为 $C=20.0\,\mu\mathrm{F}$，两板上的电压变化率为 $\mathrm{d}V/\mathrm{d}t=1.50\times10^5\,\mathrm{V/s}$。

则该平行板电容器中的位移电流为_____安培。

12. 如图Ⅳ-3所示，半径为a_1的圆形线圈与边长为a_2的正方形线圈中，通有相同电流I。若两个线圈的中心O_1、O_2处的磁感应强度大小相同，则半径a_1与边长a_2之比为_____。

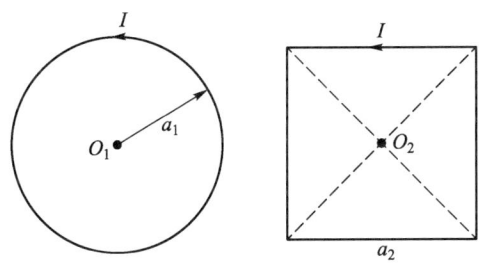

图Ⅳ-3

二、计算题

1. 如图Ⅳ-4所示，一长为l、质量为m'的杆可绕支点O自由转动。一质量为m、速率为v的子弹射入杆内距支点a处，使杆的最大偏转角为60°，问：（1）子弹射入杆的瞬间，整个系统关于支点O的角动量是否守恒？水平方向动量是否守恒？（2）如果$a = 3l/4$，$m' = 3m$，子弹的初速率v为多少？（结果请用含有g和l的代数式表示。）

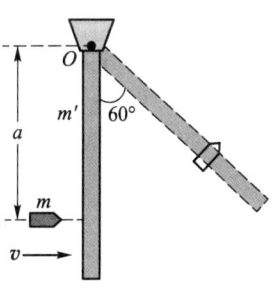

图Ⅳ-4

2. 质量为m、速度为的v_0摩托车，在关闭发动机以后沿直线滑行，它所受到的阻力为$F_r = -cv$，式中c为常量。试求：（1）关闭发动机后t时刻的速度；（2）关闭发动机后t时间内所走的路程。

131

3. 设在真空中，有一半径为 R 的球体，其所带电荷对称分布，其电荷体密度分布情况为

$$\begin{cases} \rho = kr, & 0 \leq r \leq R \\ \rho = 0, & R < r \end{cases}$$

其中，k 为一常量，问：（1）周围空间电场强度 E 的分布如何？（2）周围空间电势 V 的分布如何？

4. 如图Ⅳ-5 所示，在无限长直螺线管的磁场中放一段直导线 ab，轴 O 到 ab 的垂直距离为 h，垂足 P 为 ab 的中心，P 对 O 点的张角为 θ_0，设磁场 B 垂直于纸面向里并以速率 dB/dt 变化。（1）求导线 ab 上产生的感生电动势大小；（2）分析一下 a 和 b 点，哪点的电势高？（可能用到的积分公式：$\int \sec^2\theta d\theta = \tan\theta + C$。）

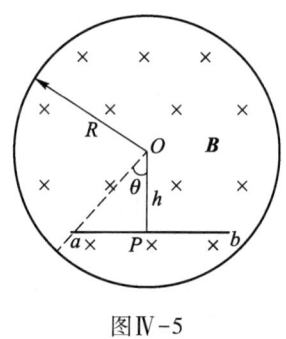

图Ⅳ-5

期末模拟
自测（Ⅳ）
参考答案

郑重声明

高等教育出版社依法对本书享有专有出版权。任何未经许可的复制、销售行为均违反《中华人民共和国著作权法》，其行为人将承担相应的民事责任和行政责任；构成犯罪的，将被依法追究刑事责任。为了维护市场秩序，保护读者的合法权益，避免读者误用盗版书造成不良后果，我社将配合行政执法部门和司法机关对违法犯罪的单位和个人进行严厉打击。社会各界人士如发现上述侵权行为，希望及时举报，我社将奖励举报有功人员。

反盗版举报电话 （010）58581999　58582371

反盗版举报邮箱 dd@hep.com.cn

通信地址 北京市西城区德外大街 4 号
高等教育出版社知识产权与法律事务部

邮政编码 100120

使用 AI 问答

手机扫描 AI 问答二维码登录后，在 AI 问答窗口输入您的问题，大语言模型将根据本书内容给出解答。注意：AI 问答仅限于回答本书内容范围内的问题，对于超出本书内容的问题，可能无法提供准确或完整的答复；每个账户每天对话轮次上限请见对话页面提示。

读者意见反馈

为收集对教材的意见建议，进一步完善教材编写并做好服务工作，读者可将对本教材的意见建议通过如下渠道反馈至我社。

咨询电话 400-810-0598

反馈邮箱 hepsci@pub.hep.cn

通信地址 北京市朝阳区惠新东街 4 号富盛大厦 1 座
高等教育出版社理科事业部

邮政编码 100029

防伪查询说明

用户购书后刮开封底防伪涂层，使用手机微信等软件扫描二维码，会跳转至防伪查询网页，获得所购图书详细信息。

防伪客服电话 （010）58582300